KB074234

Forgetting

옮긴이 하윤숙

서울대학교에서 국문학을 전공했고 현재 전문 번역가로 활동하고 있다. 옮긴 책으로
는 『굉장한 것들의 세계』, 『벌의 사생활』, 『소녀, 여자, 다른 사람들』, 『파워』, 『블랙 라이크
미』, 『깃털: 가장 경이로운 자연의 걸작』, 『불평등의 창조』, 『모든 예술은 프로파간다다:
조지 오웰 평론집』 등이 있다.

FORGETTING: THE BENEFITS OF NOT REMEMBERING

Copyright © 2021 by Scott Small

All rights reserved

Korean translation copyright © 2022 by JIHAKSA Publishing Co., LTD

Korean translation rights arranged with The Martell Agency

through EYA (Eric Yang Agency)

이 책의 한국어판 저작권은 EYA (Eric Yang Agency)를 통해 The Martell Agency와
독점계약한 ㈜지학사가 소유합니다. 저작권법에 의하여 한국 내에서 보호를 받는
저작물이므로 무단 전재 및 복제를 금합니다.

스콧 A. 스몰 지음
하윤숙 옮김

우리는 왜

The Benefits of
Not Remembering

잊어야 할까

Forgetting

'기억'보다 중요한
'망각'의
재발견

북라이프

미셸 스몰을 추모하며.

평생의 기억을 새기며 알렉시스 잉글랜드에게.

내 '기억'에 결함이 있다고 불평하면 다들 믿지 않으며,

마치 내가 바보라고 자책하기라도 한 듯이 나를 나무란다. …

그러나 그들은 내 말을 잘못 이해한 것이다.

오히려 우리의 경험이 날마다 알려 주는 바로는,

강한 기억이 부실한 판단과 연결되는 경우가 많다.

"기억력이 좋지 못한 사람은 거짓말을 해야 하는 일을

절대로 맡지 말라"고들 하는데 이는 결코 근거 없는 소리가 아니다.

-미셸 드 몽테뉴, 『수상록』, 1572년

CONTENTS

고화질 사진 같은
기억력을 원하는 당신에게

푸네스는 모든 숲의 모든 나무마다 매달린 모든 잎을 기억했을
뿐 아니라, 심지어 예전에 인지했거나 상상한 적 있는 시대의 모
든 사람까지 기억했다. 하지만 나는 그가 생각하는 일에서는 그
리 훌륭한 능력의 소유자가 아니었을지도 모른다고 의심해 본다.
생각한다는 것은 차이점을 잊는 것이다. 일반화하고 추상화하는
것이다.

_호르헤 루이스 보르헤스,「기억의 천재 푸네스」

나는 기억 전문가이지만 내가 듣는 이야기는 모두 망각에 관
한 것이다. 병적 망각을 일으키는 장애가 있어서 의학적 우려를 표
현하는 내 환자들에게서만 듣는 것도 아니다. 말하자면 나는 거의

모든 사람에게서 그런 이야기를 듣고 있는데, 대다수가 정상적 망각에 관한 불평이다. 이는 우리가 선천적으로 갖고 태어나는 망각 증상이며 키나 다른 특징처럼 자연스럽게 저마다 차이를 보인다. 나는 이런 불평 사항들에 관해 불평하는 것이 아니다. 내 자신의 망각 증상도 당혹스러울 정도이며, 연민 어린 충고를 들려주는 것도 의사의 특권이다. 초기에 내가 기억 문제에 관심을 갖고 이것이 학문적 흥미와 학습 및 경력으로 이어진 것도, 실은 내 망각 증상의 영향이 컸다. 더 나은 기억력을 갖고 싶지 않은 사람이 누가 있겠는가? 더 좋은 시험 성적을 거두고, 책을 읽거나 영화를 보고 난 뒤에 아주 정확하게 내용을 기억하고 싶지 않은 사람이 누가 있겠는가? 지적 토론에서 사람들을 설득하고 흥미로운 사실과 시로 사람의 마음을 움직일 수 있도록 더 많은 세부 사항이 입안에 맴돌기를 원치 않는 사람이 누가 있겠는가?

　　망각은 우리의 기억 체계가 지닌 하나의 결함이며 적어도 성가신 골칫거리라는 것이 이제껏 늘 일반적인 과학적 견해로 통했다. 따라서 과학은 뇌가 기억을 어떻게 형성하고 저장하고 인출하는지, 어떻게 기억의 스냅숏을 포착하고 처리하고 분류하는지 알아내는 데 일차적 초점을 두었다. 망각으로 얻는 이로움이 있을 것이라고 직감한 과학자도 몇몇 있기는 했다. 그러나 다락방에 처박힌 케케묵은 사진처럼 흐릿한 기억은 대체로 기록 장치의 기능 불량으로 간주되거나 엉성한 기록의 흔적으로 여겨졌다. 이러한 표준적 견해가 나의 학습과 경력에서 지침이 되어 왔으며, 이에 따르면 더 나은 기억력은 언제나 고귀한 목표인 반면, 망각은 방지하고 전력을 다해 싸워야 하는 대상이었다.

나는 35년 넘는 세월 동안 기억에 아주 깊은 관심을 가져 왔다. 뉴욕대학교 실험심리학과 학부 시절에는 '우리가 보는 것과 기억하는 것이 감정에 따라 어떤 편향을 띨 수 있는가'라는 주제로 첫 논문을 썼고, 석사 논문도 같은 주제로 썼다. 컬럼비아대학교 의학박사과정을 밟던 시절에는 기억 연구가 에릭 캔들의 실험실에서 일했다. 캔들은 각기 다른 동물 모델의 뉴런이 보여 주는 기억 과정을 발견해 2000년 노벨생리의학상을 수상했다. 나는 그 이후 뛰어난 알츠하이머병 임상의이자 유전학자인 리처드 메이외와 함께 컬럼비아대학에서 알츠하이머병과 그 밖의 여러 기억장애를 주제로 박사 후 과정을 마쳤다. 지금은 내 실험실에서 알츠하이머병을 비롯하여 노년에 나타나는 여러 기억장애의 원인을, 그리고 가능하다면 그 치료법을 연구하느라 애쓰고 있다.

'늙은 개는 새로운 요령을 배우지 못한다'라는 속담이 있지만, 우리가 과거의 요령을 잊을 수 있다는 것은 좋은 일이다. 많은 기억 연구가와 박사가 그랬듯이 나 역시 망각 문제에 관해 잘못 생각했다는 것이 밝혀졌기 때문이다. 신경생물학, 심리학, 의학, 컴퓨터과학의 최신 연구에 힘입어 우리의 이해에 뚜렷한 변화가 생겼다.[1] 이제 우리는 망각이 정상 과정일 뿐 아니라 우리의 인지 능력과 창의력에, 그리고 정서적 행복과 나아가 사회적 건강에 이롭다는 것을 안다.

나는 이제껏 활동해 오면서 흔히 신경변성 장애나 단순히 노화 자체로 인한 병적 망각으로 고통받는 환자들을 돕고자 애썼으며, 이 책은 이들 수백 명의 환자에게 바치는 책이다. '병적'이라는 용어의 의학적 정의를 종종 접해 보았겠지만, 정상적 망각과 병적 망각이 가장 손쉽게 구분되는 차이는 후자에서 기억의 진정한 악화가 나타난다는 점이다. 다시 말해 정보로 가득한 우리의 삶을 완전하게 살아가지 못할 정도로 영향을 미치는 것이다. 환자가 병적 망각으로 고통받는 모습을 직접 목격할 때에만 비로소 정상적 망각의 모습이 선명한 대비 속에 드러난다. 알츠하이머병으로 인한 고통을 눈으로 목격하면 이를 시적으로 미화하고 싶은 유혹, 가령 병리학에 밝은 희망이 있다든가 어떻게든 잘되고 있다 말하고 싶은 유혹이 차마 생기지 않는다. 물론 실제로 그럴 가능성도 있다. 그러나 병적 망각으로 인한 고통을 접하며 이 고통에 최대한 공감하려 애쓰는 의사로서 나는 그런 견해를 참아 줄 수 없다. 어쨌든 이 책은 그에 관한 것이 아니다. 이 책은 정상적 망각에 관한 것이다.

"기억이 더 좋아지는 것을 원치 않는 사람이 누가 있겠는가?" 앞서 던진 이 물음은 물론 수사적 질문이다. 사진 같은 기억이라면 어떨까? 컴퓨터 하드 드라이브처럼 영원히 지워지지 않는, 절대 잊지 않는 머릿속에 담긴 스냅 사진들이 결코 희미해지지도 않는 기억 체계라면? 우리 대다수는 이러한 인지 능력에 환상을 품어 왔지만 아마도 여기에 잠재된 부담을 감지한 사람도 많을 것이다. 이따금 신경학 학회지에 주장이 올라오기는 해도 정말로 사진 같은 기억, 더러 직관적 기억이라고도 일컬어지는 이런 기억의 사례는 극히 드문 것으로 밝혀졌다.

키의 정규 분포에서 아주 큰 희귀 사례가 있듯이, 타고난 기억력이 정규 분포 최상단에 속하는 사람은 더러 있다. 이 세상의 것 같지 않은 비범한 암기 기술을 기반으로 기억하는 특정 분야의 전문가도 있다. 가령 체스 대가가 체스판 배열을 기억하거나 연주회 피아니스트가 악보를 기억하거나 프로 테니스 선수가 팔다리 동작을 기억하는 것과 같은 특화된 기억이다. 그런가 하면 이른바 기억술사라고 불리는 암기 마술사도 있는데, 이들은 자기네 업계의 인지 비결, 몇 가지 타고난 기술, 그리고 자전적 정보나 숫자나 이름이나 사건 등 특정 정보 범주에서 우월한 기억력을 개발하기 위한 수많은 훈련을 바탕으로 기억한다. 그러나 정식 검사를 해 보면 이들 중 어느 누구도 모든 것에 대해 정말로 사진 같은 기억을 갖고 있지는 않음을 알 수 있다.[2] 결코 잊지 않는 머리를 가진 사람은 없다.

그러므로 사진 같은 기억은 실제로는 허구이며 슈퍼히어로의 능력이다. 이런 기억 능력이 바람직한 것일까? 그렇지 않은 이유를 과학이 입증하기 전에, 소설 속 묘사가 일찌감치 대답을 내놓았다. 가장 좋은 예는 호르헤 루이스 보르헤스의 소설집 『픽션들』에 실린 단편소설 「기억의 천재 푸네스」이다.[3]

작품 속에서 말을 타다가 떨어져 의식을 잃은 푸네스는 깨어난 뒤에 결코 잊지 않는 흥분 상태의 뇌를 지니게 된다. 이제 그는 한 번 보기만 해도 모두 암기하고 떠올릴 수 있다. 탁월한 인지 능력을 새로 갖게 된 푸네스가 최근 읽은 책의 긴 구절을 술술 외우거나 새로운 언어(심지어는 라틴어도!)를 며칠 만에 습득할 수 있다는 걸 알게 된 대다수 독자가 도입부에서 느끼는 감정은 부러움이다. 그러나 그가 겪는 정신적 혼란을 깨닫기 시작하면서 질투는 연민으로 바뀐다. 한 예로 이웃이 포도밭에서 생산한 와인 한 잔을 푸네스에게 건네자, 그의 머리는 밀려드는 온갖 기억의 홍수 속에 잠기고 만다. 와인으로 인해 너무도 많은 관련 기억이 되살아나고 각각의 기억 속에 점묘화 같은 세부 사항들, 예를 들면 와인을 압착한 포도나무의 "싹, 포도송이, 포도알" 등이 뒤따라오는 바람에 푸네스는 불안에 사로잡힌다.

안타까운 기억이나 두서없이 이어지는 그 어떤 기억도 고통받는 불쌍한 푸네스를 그냥 지나치지 않는다. 예전 일에 대해 누군가 물어 오면 설령 그것이 어린 시절 아름다웠던 어느 오후의 일이라도 그의 머릿속은 그날의 세세한 것들, 가령 눈에 보이는 구름의 모양이라든가 시시각각 느껴지는 기온 변화라든가 팔다리의 동작 형태들로 가득 넘쳐 나게 된다. 모든 것을 기억하는 것이 악몽일 수 있음을 우리는 순식간에 깨닫는다.

「기억의 천재 푸네스」에서 가장 주목할 만한 대목은, 만약 우리의 기억이 레티나 디스플레이 해상도로 사진을 찍듯 저장된다면 어떻게 사고가 손상될 수 있는가에 관한 신경과학 연구를 날카로운 통찰로 예견하고 있다는 점이다. 푸네스와 관련한 이야기의 많은 대목에서 사진 같은 그의 기억 때문에 생기는 한 가지 주요한 인지 손상을 묘사하는데, 이는 일반화하지 못하는 능력, 즉 나무만 보고 숲을 보지 못하는 증상이다. "거울 속에 비친 자신의 얼굴과 손을 보고 매번 놀라기도 했다. … '개'라는 속명이 형태와 크기가 상이한 서로 다른 개체들을 포괄할 수 있다는 사실을 좀처럼 이해할 수 없었으며, 또한 3시 14분에 측면에서 보았던 개가 3시 15분에 정면에서 보았던 개와 동일한 이름을 가질 수 있다는 사실을 못마땅하게 생각하곤 했다." 사진 같은 기억을 가진 것이 너무 고통스러웠던 젊은 푸네스는 결국 빛을 차단하여 어둡고 소리의 높낮이가 없는 고요한 방에 고립된 채 남은 평생을 보냈다.

기억과 균형을 이루는 망각이야말로 끊임없이 변하며 두렵고 고통스러운 일이 많은 세상에서도 살아갈 수 있게 하는 본연의 진정한 인지 능력이다. 이를 설명하기 위해 새로운 과학이 힘을 합치게 된 것은 불과 지난 십여 년간의 일이었다. 2014년 유럽 법원에서 '잊힐 권리'를 법적으로 인정했고 영구 기록이 한 사람의 삶에 해로운 영향을 미칠 수 있다는 점이 아주 잘 설명되었다. 이와 비슷한 의미에서 우리의 뇌도 잊는 것이 옳다.

앞으로 이 책에서 살펴보겠지만 인지가 형성되기 위해서는 기억과 균형을 이룬 망각이 반드시 필요하다. 그래야만 끊임없이 변하는 환경을 받아들이도록 융통성을 발휘할 수 있고, 뒤죽박죽 흩어져 저장된 정보를 바탕으로 추상 개념을 추출할 수 있으며, 나무 말고 숲을 볼 수 있다. 정서적 행복을 위해서도 망각은 필수적이며, 분노와 신경증적 공포, 점점 곪아 가는 아픈 경험을 내려놓을 수 있게 해 준다. 너무 많이 기억하면, 다시 말해 잊는 것이 너무 적으면 고통의 감옥에 갇힌다. 사회적 건강을 위해서도 망각은 반드시 필요하다. 아울러 창의성을 위해서도 필요한데, 뜻밖의 연상이 떠오르는 유레카의 순간이 찾아올 수 있도록 망각이 머리를 가볍게 해 주기 때문이다. 망각하지 않으면 모든 창조적 상상의 나래는 기억의 굴레에 얽매여 있을 것이다.

도입부에서 던진 수사적 질문을 이렇게 바꿔 보자. "결코 잊지 않는 머리에 사진 같은 기억을 갖고 싶은 사람이 누가 있겠는가?" 아무도 그런 기억을 갖고 싶어 하지 않는다는 걸, 이 책을 읽고 난 뒤에 당신이 깨닫게 되기를 바란다.

Chapter 1

정상적 망각

"내 머리는 강철 덫 같아서 한번 문 건 놓치지 않았다고요!"

그날 컬럼비아대학 기억장애센터를 찾은 나의 첫 환자 칼은 이렇게 단언했다. 기억에 대한 비유가 많지만 '강철 덫'은 내가 가장 싫어하는 비유 중 하나였다. 미학적 이유도 있지만(덫에 발이 걸린 폭력적인 모습이 혐오감을 준다) 무엇보다 과학적으로 오해의 소지가 있기 때문이다. 최상위권에 들 만큼 뛰어나다고 해도 기억은 결코 강철 같은 것이 아니다. 기억은 유연하고, 형태가 바뀌며, 파편화되어 있다. 게다가 덫에 비유할 경우, 기억이 찰칵하면서 단숨에 형성된다는 암시를 주므로 구조적으로도 사실과 맞지 않는다.

맨해튼의 형사소송 전문 변호사인 칼은 법정에 나가는 차림새로 나를 찾아왔다. 알츠하이머병을 비롯하여 관련 장애 전문 기관으로 유명한 우리 센터는 전 세계 다양한 환자에게 진료를 제공한다. 그럼에도 칼은 눈에 띄었다. 쓰리피스 맞춤 정장 차림 때문만은 아니었다. 내가 연구 실험실과 한 블록 떨어진 진료실에 시간 맞춰 도착했을 때, 칼은 우리 센터를 찾는 여느 환자와는 달리 지나칠 만큼 간절한 마음을 드러내며 안절부절못한 채 서성거리고 있었다. 알고 보니 그는 학부 시절 예일대에서 영문학을 전공했다. 그런 만큼 진료를 시작하자 먼저 자신의 탁월한 인지 능력과 법정에서 선보인 기량을 놀라운 말솜씨로 명확하게 전달했고, 곧 긴장을 풀고는 자신의 증상과 그 원인, 그리고 왕성한 변호사 경력에 영향을 미칠까 하는 두려움에 관해 분명하게 설명하기 시작했다.

기억과 망각은 '어디'에서 시작되는가

환자의 증상과 병력을 귀 기울여 듣는 일은 신경과 전문의가 일 순위로 삼는 일이다. 이러한 증언 속에는 우리의 중요 목표, 즉 '병소의 위치 확인 작업'을 완수하는 데 필요한 풍부한 정보가 들어 있다. 일반적으로 신경과 전문의는 "무엇이 문제일까?"에 앞서 "어디가 문제일까?"라는 물음에 여느 의학 전문가들보다 훨씬 더 집착한다. 예를 들어 팔에 힘이 없는 증상의 원인을 근육이나 신경, 또는 척수나 뇌의 이런저런 부위로 특정할 수 있으며 이런 신경계 지도의 각 부위는 각기 다른 질병과 연결된다. 솔직히 우리 대다수는 이러한 해부학적 수수께끼를 푸는 데서 기쁨을 느낀다. 이 작업을 위해서는 신경계 회로에 관한 지식이 필요하다. 즉, 회로의 다양한 접속점이 어떤 기능을 하는지, 그에 따라 문제의 근원을 분석하는 과정에서 어떻게 회로를 조사할 것인지 이해해야 한다. 우리 직업의 즐거움을 제쳐 놓더라도 병소의 위치를 알아내는 일, 즉 어디일까 하는 물음의 답을 찾는 일은 정확한 진단을 내리는 데 매우 중요하다.

기억 기능 장애의 해부학적 근원을 분석하는 일은 팔 기능 장애의 근원을 분석하는 일보다 훨씬 어렵기는 해도 원리는 같다. 기억장애 전문가는 환자가 진료실 문으로 들어오는 순간부터, 병적 망각을 일으킨 병소를 찾기 시작한다. 심지어는 처음에 격식 없는 일상 대화를 나누는 단계에서도 우리는 그들의 기억 연결망이 '질병 이전 상태', 즉 인지 관련 증상이 시작되기 전 상태에서는 어떻게 기능했는지 감을 잡기 위해 환자의 인지 관련 뇌 부위의 기능을 측정하려고 한다. (우리는 사교 모임 자리에서 잡담을 나눌 때조차 이러한 기능적 '생체 검사'를 반사적으로 시행한다. 어떻게 이야기를 하는지, 즉 세부 사항을 어떻게 꾸미고 어휘와 구문은 얼마나 풍부한지 주의 깊게 듣기만 해도 어쩔 수 없이 우리는 이야기하는 사람의 인지 관련 뇌 부위를 기능 수준에 따라 색으로 부호화하게 된다.) 이러한 인지 관련 뇌 지도가 흐릿한 건 사실이지만, 환자의 주된 인지 문제가 어디서 비롯되었는지 해부학적 근원을 기록하기 위한 유용한 출발점이 될 수 있다.

첫 진료가 끝나 갈 무렵에 우리는 기억 손실이 '어디'에서 왔는지 소견을 정리하려고 시도한다. 뒤이은 임상 테스트들, 예를 들면 혈액 검사와 자기공명영상(MRI) 같은 신경 촬영 연구, 신경심리학적 검사 등이 결국 이러한 소견을 확인해 주거나 수정하는 데 도움을 준다.

　나의 환자 칼은 학창 시절 줄곧 탁월한 성적을 보였다. 롱아일랜드에서 자란 소년 시절에 야구 통계를 외우고, 대학 학부 시절에 시를 외우고, 뉴욕대 로스쿨에서 불법행위를 암기하던 능력에서 입증되었듯이 그의 기억력은 학과에서 경쟁하는 동급생들 사이에서도 특출했다. 그의 뛰어난 기억력은 직업적으로 도움이 되었으며 로펌 내에서도 유명했다. 고객은 물론이고 여름 단기 인턴이나 법률사무소 직원까지, 한번 만난 사람은 절대로 얼굴이나 이름을 잊는 법이 없었다. 알고 보니 바로 이 점이 그의 주된 임상적 불편 사항이었다. 고객의 이름을 떠올리는 능력이 저하되고 있었던 것이다. 최근에는 새로운 중요 고객을 만난 지 몇 달 뒤 북적거리는 맨해튼 거리에서 우연히 마주치게 되었는데 충격적이게도 그녀의 이름을 더듬거리고 말았다. 우리 대다수에게는 그저 민망한 상황에 지나지 않지만 칼에게는 이름을 더듬거리는 문제가 직업상 심각한 장애로 느껴졌다.

　칼의 이력을 듣는 순간, 그리고 그의 주된 임상적 불편 사항에 귀 기울이는 동안 나는 그의 병적 망각이 뇌의 어느 부분에서 시작됐을지 꽤 타당한 입장을 정리하기 시작했다. 사실 두 영역 중 한 곳일 가능성이 있다는 강한 직감이 들었고, 이에 관해서는 신경학적 검사와 내 진료실에서 실시하는 기초 기억력 검사, 마지막으로 몇 가지 추가 검사를 통해 확인할 것이었다. 그러나 나의 직감을 설명하기 위해, 그리고 망각이 어떻게 작동하는지 설명을 시작하기에 앞서 기억의 개괄부터 설명하려고 한다. 그러면 당신을 나의 임상적 사고와 평가 과정으로 안내하고 칼에게 최종 진단을 내리는 데 도움이 될 것이다.

기억에 대한 많은 비유 가운데 개인용 컴퓨터는 좋은 비유다. 실은 비유 그 이상이어서, 알고 보면 개인용 컴퓨터의 작동 방식은 우리 뇌가 기억을 보관하고 저장하고 인출하는 방식을 탁월하게 닮았다. 이는 우연의 일치가 아니다. 컴퓨터 공학자와 뇌 공학자 모두 똑같이 엄청난 양의 정보를 가장 잘 다루기 위한 세 가지 문제, 다시 말해 기억을 어디에 보관할지, 지정된 위치에 어떻게 저장할지, 필요할 때 어떻게 열어 인출할지 하는 문제를 해결해야 하기 때문이다. 우리 뇌에는 이러한 기억 작용에 관여하는 주된 해부학적 영역이 세 군데 있다. 우선 뇌 뒷부분에 여러 부위가 한데 모여 덩어리를 이룬 영역에 우리의 가장 소중한 기억을 저장하는데 나는 이를 간단하게 후두 영역이라고 부를 것이다. 다음으로 뇌 측두엽 깊숙이 파묻힌 해마는 뇌가 이 기억들을 적절히 저장하도록 해 준다. 이마 바로 안쪽에 위치한 전전두피질 영역은 기억을 열어

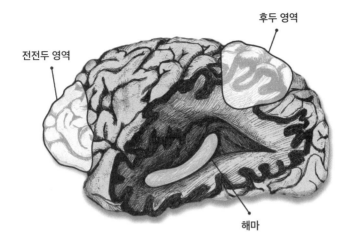

전전두 영역

후두 영역

해마

기억과 망각에 관여하는 뇌 영역들

인출하도록 도와준다. 컴퓨터 하드 드라이브에 문서를 보관하거나 이전에 저장한 파일을 열 때마다 당신은 뇌가 기억을 처리하는 방식과 똑같이 하고 있는 것이다.

컴퓨터 하드 드라이브의 정보 저장 기본 단위가 비트(0과 1이라는 이진수)인 것과 마찬가지로 우리 뇌의 기억 저장 기본 단위는 세포, 즉 뉴런이다. 그러나 뉴런 전체가 아니라 말단부에 기억의 기본 단위 조각들이 위치한다. 뉴런의 모습을 보기만 해도 나뭇가지처럼 여러 갈래로 뻗은 가지돌기가 대부분을 차지하는 것을 알 수 있다. 바깥쪽 가지돌기 맨 끝에 가지돌기가시라고 불리는 작은 돌기가 수백 개나 나 있다. 무성하게 뻗은 나뭇가지 위에 솟아오른 새싹 잎처럼 작지만 강력한 가지돌기가시는 바로 시냅스라고 불리는 접합점에서 뉴런이 다른 뉴런과 연결되어 정보를 전달하는 지점이다. 가지돌기가시가 클수록 시냅스 연결이 강하며 그 결과 더 큰 소리로 또렷하게 정보를 전달한다. 뉴런은 우리 몸의 다른 세포들, 가령 타원형인 간세포나 직육면체인 심장세포와 생김새도 다르지만 무엇보다 특징적인 차이는 바로 정보를 주고받는 뉴런 사이의 틈, 즉 서로 연결된 시냅스가 있다는 점이다. 기관의 기능을 그 세포가 어떤 일을 하는지에 따라, 즉 간세포는 해독하고 심장세포는 펌프질을 한다는 식으로 간단히 정의할 수 있다면, "뇌세포는 시냅스 연결을 한다"가 뇌 기능을 규정하는 꽤 훌륭한 설명이 될 것이다.

경험의 변화에 따라 가지돌기가시의 크기도 끊임없이 변하므로 시냅스 연결은 강철처럼 고정되기보다는 가소성을 띤다고 할 수 있다. 하나의 뉴런과 그에 인접한 다른 뉴런이 동시에 충분히 활성화되면 이들 뉴런의 가지돌기가시가 늘어날 수 있다. 가지돌기가시가 충분한 수만큼 늘어나면 뉴런 간의 연결이 강화되는데, 이것은 새로운 기억이 형성될 때 벌어지는 현상이다. 뉴런이 인접 뉴런과 동시에 활성화되지 않으면 가지돌기가시는 도로 줄어드는데, 이것이 바로 망각 과정에서 벌어지는 현상이다. 이리하여 뉴런의 바깥쪽 끝부분에 나 있는 가지돌기가시가 우리 기억의 정보 단위가 된다.

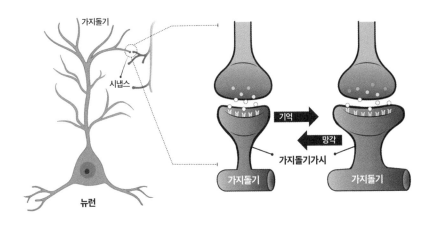

가지돌기

시냅스

뉴런

기억

망각

가지돌기가시

가지돌기

가지돌기

기억과 망각이 이루어지는 뉴런 차원의 단위

　가지돌기가시의 모양과 크기는 뇌 기능에서 매우 근본적 요소이므로, 이것이 자라는 섬세한 과정을 전적으로 담당하는 분자 도구 모음이 따로 있다. 이 도구는 뇌 전체의 모든 뉴런에 들어 있지만 설명을 단순화하기 위해 기억 관련 뉴런에 있는 것을 가리켜 '기억 도구상자'라고 일컬을 것이다. 가지돌기가시가 자라는 데는 많은 에너지가 요구되며 나아가 신중함마저 필요하다. 뉴런에 가지돌기가시가 너무 무성해지면 정보 전달에 잡음이 생기거나 그보다 상태가 더 나빠진다. 마치 음량을 너무 높인 상태에서 말하는 것처럼 결과적으로 새된 소리나 해독할 수 없는 비명 소리 같은 것이 전달되는 것이다. 이러한 미묘한 선을 지키기 위해 기억 도구상자는 에너지를 절약하여 효율적으로 가지돌기가시가 자라도록 하는 한편, 이 과정이 미세한 눈금 단위로 이루어지도록 해야 한다.

'얼굴'을 보고 '이름'이 떠오르기까지

칼이 고객의 이름과 얼굴을 연결하게 해 주는 기억 형성 능력은 단지 두 개의 뉴런 사이에서 이루어지는 것이 아니다. 그보다는 고객의 얼굴을 부호화한 수백만 개의 뉴런이 고객의 이름을 부호화한 수백만 개의 뉴런과 강하게 연결될 때 기억이 이루어진다. 기억의 핵심은 각기 다른 별개의 자극을 연결하는 데 있다. 분명 당신의 기억 중에도 여러 가지 감각 요소가 하나로 묶인 복합적 기억이 많을 것이다. 칼이 새로운 고객의 이름과 얼굴을 연결할 줄 안다면 이는 연관 기억이 있음을 알려 주는 증거물 A라고 볼 수 있으며, 이런 얼굴-이름 결합은 신경과학자가 실험실에서 선호하는 패러다임으로 떠올랐다. 겉으로 볼 때 이 결합은 그저 간단한 두 가지 요소 사이에 이루어진다. 그러나 얼굴은 눈으로 보고 이름은 보통 귀로 듣기 때문에, 이는 우리 뇌의 다른 영역에서 처리되는 각기 다른 두 가지 감각 양상을 연결하여 결합해야 하는 일이다.

게다가 정신의 눈으로 볼 때는 얼굴이 하나의 특이성을 지닌 전체로 여겨지겠지만 이 특이성을 경험하기까지 뇌는 우선 많은 다양한 구성 요소들, 예를 들어 이목구비 각각의 모양과 공간적으로 배치된 상태 등등을 재구성해야 한다. 하나의 이름을 들을 때에도 마찬가지로, 뇌의 다른 부분에서 개별 음성 요소를 바탕으로 전체 이름을 재구성해야 한다. 그러므로 너무도 일상적으로 경험하고 겉보기에 저절로 이루어지며 믿을 수 없을 만큼 간단해 보이는 얼굴-이름 결합 속에는 연관 기억의 모든 복잡성이 들어 있다.

다행히 얼굴-이름 결합은 실험실에서 비교적 쉽게 실행할 수 있다. 우리는 얼굴 사진과 이름 기록을 만든 뒤에 이 자극들을 다양한 조합과 지속 시간 및 순서로 사용할 수 있으며, 그 결과 연관 기억을 일으키는 과정을 단계별로 연구할 수 있다. 얼굴-이름 결합은 자칫 스쳐 지나가기 쉬운 역동적 과정을 고정했다는 면에서 실험실의 나비 표본과 같으며, 파닥파닥 움직이는 기억의 복잡성을 가까이서 세부적으로 관찰할 수 있게 해 주었다. 이런 이유로 우리를 포함한 많은 실험실에서는 피실험자가 얼굴을 보거나 이름을 듣는 과정을 별개로 진행하거나 동시에 진행하면서, 그리고 하나의 항목으로부터 다른 항목을 떠올리도록 하기도 하면서 뇌 활동을 MRI 스캐너로 찍는 실험 계획들을 고안해 냈다. 그 결과 칼이 겪는 주된 불편을 실험적으로 관찰하고 연구할 수 있었다.

이들 연구를 기반으로 나는 칼이 고객을 처음 만날 때 그의 뇌 뒷부분에 있는 시각 피질에서 무슨 일이 일어나는지 당신에게 알려 줄 수 있다. 뇌는 어떤 복합적 항목이든 이를 구성 요소별로 쪼갠 다음, 피질의 해당 영역에서 전체를 재구성한다. 이러한 재구성 과정은 이른바 '허브앤드스포크hub-and-spoke' 형태를 따르는데, 이는 큰 항공사가 지역 허브를 두고 이들이 다시 하나의 중앙 허브로 모이는 방식과 비슷하다. 시각 정보를 다루는 시각 피질은 피부색이나 얼굴 모양 등 기본 시각 요소를 바탕으로 개별 얼굴의 생김

새를 재구성하는 지역 허브에서 시작한다. 이런 하위 허브가 이후 상위 허브로 모이고 궁극적으로는 최종 중앙 허브로 모이는데, 여기서 통일된 전체가 만들어진다. 칼의 경우에는 이것이 고객의 얼굴 모습이 되는 셈이다.

이와 마찬가지로 칼이 고객의 이름을 처음 들었을 때 그의 청각 피질에서는 청각 요소들을 허브앤드스포크 방식으로 재구성하여, 궁극적으로 중앙 허브에서 고객의 이름을 표상한다.

나는 MRI 스캐너를 이용하여 칼이 고객의 얼굴과 이름을 재구성하는 단계별로 해부학적 좌표를 지정할 수 있다. 내가 신경외과 동료들에게 부탁해 이 단계마다 전극을 붙여 하위 허브를 자극한다고 해도, 칼이 고객의 얼굴을 보거나 이름을 들은 경험이 다시 살아나지는 않는다. 오로지 중앙 허브의 뉴런이 전기 자극을 받을 때만 그 경험들이 되살아난다.

궁극적으로 중앙 허브들이 모여 있는 뇌 후두 영역에 기억이 저장된다. 가까이 있는 중앙 허브 뉴런들이 서로 시냅스 연결을 하면서 동시 자극이 충분한 강도로 이루어질 때, 뉴런의 기억 도구상자가 열리며 활성화된다. 새로운 가지돌기가시들이 다 자라면 얼굴 허브와 이름 허브가 연결된다. 이제 칼이 다음에 고객을 우연히 만날 때 이름 뉴런들이 활성화되어 고객의 이름을 떠올리게 되는 것이다. 적어도 젊은 시절 칼의 머릿속에서는 이 과정이 인지적으로 수월하게 이루어졌다.

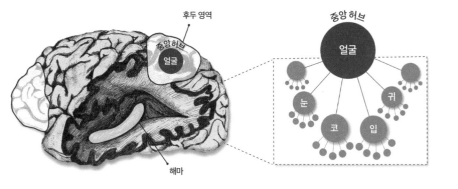

감각 정보의 재구성

칼의 시각 피질과 청각 피질 전체 중 어느 곳에 병소가 있든 잠재적으로 이름 기억 능력에 손상을 입힐 수 있다. 예를 들어 가장 낮은 단계 허브에 뇌졸중이 오거나 종양이 생기면 더 높은 상위 허브로 정보가 이동하는 것을 가로막을 수 있고 그 결과 얼굴이나 이름을 재구성하는 과정이 막힌다. 나아가 이른바 겉질시각상실cortical blindness이나 겉질난청cortical deafness이라고 일컫는 증상을 일으킬 수 있다. 드물게는 신경변성 질환이 중간 단계 허브의 장애나 정지를 불러올 수 있으며, 마찬가지로 이것이 얼굴 및 이름의 재구성 과정을 막고 환자는 파편화된 지각을 경험하게 된다. 심지어는 국소적 병소가 최상위의 중앙 허브에 위치하는 경우도 있다. 얼굴 중앙 허브에 병소가 생긴 환자는 단지 특정 얼굴뿐 아니라 얼굴 일반을 인식하는 데 어려움을 겪으며, 이것을 안면인식장애prosopagnosia라고 한다. (이러한 흥미로운 상태에 관해 더 알고 싶다면 탁월한 신경과 전문의이자 내가 몹시 그리워하는 옛 동료 올리버 색스의 걸작을 읽어 보라.)[1]

칼의 신경학적 검사 결과를 살펴보았으나 시각 피질이나 청각 피질에는 병소가 없는 것 같았다. 이 가능성을 배제하려면 추가로 MRI 촬영을 지시해야 하지만 그 전에 우선 다른 해부학적 근원을 고려해 봐야 했다. 칼에게 증상을 더 자세히 설명해 달라고 요구하자 그는 고객을 처음 만나고 나서 몇 달 정도 지나 북적대는 맨해튼 거리에서 다시 만난 일화로 돌아갔다. 그의 말에 따르면 결국 고객 이름이 생각나기는 했지만 예전에 이름이나 그 밖에 야구 통계, 시, 불법행위들이 머릿속에 금방 "툭 튀어 올랐던" 시절보다 시간도 더 걸리고 머리도 더 많이 쓴 다음에야 가능했다. 이로 미루어 볼 때 칼의 뇌에서 얼굴 중앙 허브와 이름 중앙 허브의 연결이 여전히 이루어지기는 하지만 전처럼 효율적으로 작동하지 않고 있었다.

엄격한 기억 교사, 해마

칼이 기억에 대해 말하면서 머릿속에 "툭 튀어 오른다"고 특징적으로 묘사한 것은 매우 좋은 설명이었다. 많은 기억 형태, 가령 지금 내가 이 문장을 타이핑할 수 있는 것도 전에 익힌 운동 기능의 기억 덕분이다. 이렇듯 많은 기억이 반은 무의식적으로 작동하며 모든 형태의 기억은 똑같이 시냅스 가소성 메커니즘을 이용하여 뉴런 간의 연결을 강화한다. 그러나 우리가 의식적으로 떠올리는 이른바 '외현 기억explicit memories'은 많은 중앙 허브의 결합으로 형성된다. 칼이 고객을 처음 만날 때 단지 그의 얼굴을 보고 이름을 듣는 것만은 아니다. 이 일화 속에는 고객을 처음 만난 장소, 가령 사무실의 모든 환경과 만남이 이루어진 시간의 모든 특징이 들어 있다. 어쩌면 고객이 사용한 향수 냄새 같은 다른 감각도 들어 있을 수 있다. 각 요소는 칼의 피질에 있는 각기 다른 중앙 허브에서 재구성되어 후두의 기억 저장 영역에 모여 있다가 시간이 지난 뒤 동시에 경험할 때 서로 연결을 강화한다. 각 요소가 강하게 맞물릴수록 고객에 대한 외현 기억이 더 강하게 칼의 의식 속으로 튀어 오른다.

이러한 맞물림의 강도는 뇌에 있는 하나의 독립된 구조, 즉 해마에 의해 정해진다. 우리는 두 개의 해마를 갖고 있는데, 이는 새끼손가락 크기의 굽은 원통 모양으로 측두엽 아래 부분을 따라 뇌 깊숙이 자리 잡고 있다. 16세기 해부학자들은 새롭게 확인된 뇌 구조의 명칭을 정할 때 르네상스적 상상력을 발휘했다. 그들 눈에는 C 형태로 생긴 이것이 동물 해마처럼 보인 것이다. 해마의 우아한 형상 때문에 해부학자들은 이 구조가 무슨 기능을 하는지 궁금증을 품었지만 오랫동안 의문으로 남아 있었다. 그러다 1950년대에 심각한 뇌전증으로 몸이 쇠약해지고 있던 스물네 살 청년의 사례에서 실마리가 풀렸다. 신경외과 의사들은 이 청년의 발작을 제어하기 위해 뇌의 일부, 주로 양쪽 해마를 제거하기로 결정했다. 그 덕분에 발작은 멈추었지만 수술 후 환자는 의식적 기억을 새로 형성할 수 없게 되었다. 수술받기 몇 달 전까지의 의식적 기억은 대체로 손상되지 않았고 잠재의식적 기억을 외우는(예를 들면 새로운 운동 과제를 수행하기 위해 배우는) 능력 역시 남아 있었다.

이 환자는 새로운 의사와 처음 인사를 나눌 때 이 의사가 방 안에 그대로 머무는 한 정확한 이름을 부르면서 대화를 나눌 수 있었다. 감각 피질의 허브앤드스포크는 정상적으로 기능했던 것이다. 그러나 의사가 몇 분 동안 방을 나갔다가 돌아오는 경우, 환자는 의사의 이름을 기억하지 못할 뿐 아니라 이 의사를 만난 적이 있다는 의식적 기억조차 없었다. 이러한 심각한 병적 망각은 그를 수십 년 동안 돌봐 주었던 의사를 만날 때도 계속 되풀이되었다. 그는 얼굴과 이름을 절대 연결하지 못했고 어떤 종류의 피질 허브도 연결하지 못했다. 새로운 정황, 사건, 장소, 그 어느 것도 그의 머릿속에 의식적 기억으로 떠오르지 못했다. 그는 수술 이후로도 50년 이상 살았고 분명 심각한 상황이었음에도 이로 인해 어떠한 심리적 고통도 겪지 않았다. 자신이 망각했다는 의식적 기억조차 전혀 없었기 때문이다.

지금은 환자가 사망했기 때문에 헨리 몰래슨이라는 그의 이름을 공개적으로 사용할 수 있다. 그러나 문헌에서 그를 지칭할 때는 여전히 이니셜을 사용하며 몇십 년이 지났음에도 그의 사례는 계속 논의되고 있다. 좋은 의도로 외과 수술을 실시했지만 H. M.의 인식 능력이 손상된 탓에 이 분야의 가장 자랑스러운 순간으로 꼽히지는 못한다. 그럼에도 그의 유산은 계속 이어져 일반적으로는 인지과학 전반에, 특수하게는 기억 연구 분야에 새 지평을 열었다.[2] 이후 수십 년에 걸친 수천 가지 연구 덕분에 우리는 새로운 의식적 기억을 형성하는 데 해마가 어떤 도움을 주는지 비록 완전하지는 못해도 더 잘 이해할 수 있게 되었다.

여러 중앙 허브 간에 이루어지는 정보 결합은 느리고 의도적인 과정으로 밝혀졌다. 허브를 연결하는 중앙 허브 뉴런의 가지돌기가시들은 자극을 받으면 빠르게 늘어나지만, 이때 늘어난 부분은 아주 쉽게 없어지며 불안정하다. 지속적으로 자극이 주어지지 않으면 다시 줄어드는 경향을 보이는 것이다. 중앙 허브의 뉴런들은 기억을 습득할 때 주의가 산만한 초등학교 1학년생처럼 '느린 학습자'로 여겨진다. 이때 해마는 엄격하면서도 연민을 지닌 교사 역할을 맡아, 새롭게 제멋대로 자라난 가지돌기가시들이 안정되고 각 허브들이 결합하여 하나의 의식적 기억을 형성하도록 가르침으로써 시냅스의 불안한 연결 문제를 극복한다. 중앙 허브가 길들여지고 후두 영역에 의식적 기억이 저장되고 나면 교사, 즉 해마는 더 이상 필요 없어지고 다음 과제로 넘어갈 수 있다.

해마에서 이루어지는 피질 훈련 프로그램의 비밀이 밝혀진 것은 두 가지 발견 덕분이었다. 그중 한 가지는 해마가 피질의 각 중앙 허브와 정보를 주고받는 직통선을 두고 마치 구식 전화 교환기처럼 기능한다는 점이다. 한 가지 일화 속에 들어 있는 갖가지 요소들, 가령 감각적 요소나 시간 및 장소를 규정하는 다양한 중앙 허브가 각기 다른 구역의 해마 뉴런을 자극하면서 해마를 울리는 것이다. 또 다른 발견은 해마 뉴런과 피질 허브 뉴런의 가지돌기가시가 각기 다른 양상으로 자란다는 점이다. 해마 뉴런은 '빠른 학습자'로, 동시 자극을 받는 순간 완벽하게 안정적이고 성숙한 가지돌기가시를 새롭게 만들어 낸다.

칼이 처음 고객을 만나 인사할 때, 고객의 얼굴과 이름과 그 밖의 모든 요소를 표상하는 중앙 허브들이 각기 다른 구역의 해마 뉴런을 자극하면서 해마를 동시에 울린다. 해마의 각 구역이 피아노 건반 한 개라면, 고객과 만날 때 여러 기억 음표로 이루어진 화음이 칼의 해마에 울려 퍼지는 셈이다. 해마 뉴런은 순식간에 결합하기 때문에 첫 만남 뒤 얼마 지나지 않아 해마가 간접 중개자 역할을 하면서 여러 중앙 허브들을 한데 결합한다. 모든 중앙 허브의 집중된 관심이 해마로 향하고 나면, 이제 해마는 각 허브를 동시 자극함으로써 가르칠 수 있다. 몇 주를 거치는 동안 점차 각 허브의 가지돌기가시들은 학습하지 않으려는 본래의 저항을 극복하고 안정적인 형태를 갖춘다. 이 시점부터 의식적 기억은 해마로부터 독립성을 갖는다고 할 수 있으며 이는 좋은 일이다. 해마 뉴런은 새로운 가지돌기가시를 순식간에 형성했던 것처럼 다시 빠르게 해체하기 때문이다. 마치 교사가 교육의 의무를 끝낸 순간, 강의 자료를 찢어 버리고 이를 기록에서 삭제하는 것과 같다.

이 때문에 H. M.은 과거 기억을 떠올리는 데 해마가 필요하지 않았다. 그의 피질은 전혀 손상되지 않았고 오래된 기억들은 이미 해마의 훈련 프로그램을 마친 상태였기 때문이다. 그러나 해마가 제거되고 난 뒤에 그의 뇌는 새로운 의식적 기억을 전혀 습득할 수 없었다. 전문 용어로 그는 '전향성 기억상실anterograde amnesia'(특정한 사건이 일어난 뒤의 일들을 기억하지 못하는 증상)을 보였다. 게다가 수술 전 몇 달 동안 일어난 일에 대해 약간의 '역행성 기억상실retrograde amnesia'(오래된 일을 기억하지 못하는 증상)도 보였다. 역행성 기억상실은 기간에 따른 차이가 나타나, 지난 몇 주간 일어난 일은 완전히 잊어버린 반면에 지난 몇 달간 일어난 일은 그에 비해 잊은 정도가 심하지 않았다. 진정한 역행성 기억상실, 즉 기간에 따른 차이조차 보이지 않는 완전한 기억 손실은 이전에 후두 영역에 저장된 기억이 손상되었을 때 일어난다. 다시 말해 중앙 허브에 들어 있는 정보가 삭제되었거나 중앙 허브 사이를 잇는 연결 다리가 무너졌을 때 생긴다. 모든 기억을 완전히 잊어버리는 이런 종류의 기억상실은 신경학적으로 드문 일이지만 TV 드라마에서는 흔히 반전의 플롯으로 이용된다.

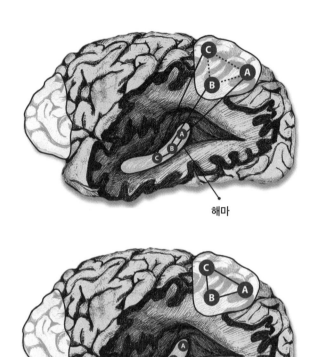

해마

해마

해마의 기억 형성 훈련 중(위)과 끝난 뒤(아래)

칼의 병적 망각을 일으키는 잠재적 근원으로 그의 해마를 고려해야 했다. 그러나 전전두 영역 또한 고려해야 했는데 이 영역은 후두 영역에 있는 저장소의 기억에 접속하여 이를 인출하도록 돕는 기능을 하기 때문이다. 해마를 컴퓨터의 저장 버튼이라고 생각해 보라. 내가 그랬듯이 당신도 이 기능을 클릭하면 정보를 임시 기억에서 장기 기억으로, 다시 말해 컴퓨터 모니터에서 하드 드라이브로 옮길 수 있다. 모니터에 있는 정보를 저장하기 전에 컴퓨터에 장애가 생겼다고 상상해 본다면 H. M.의 삶이 어떠했을지 감을 잡을 수 있을 것이다. H. M.이 담당 의사의 진료실에 함께 머무는 동안은 의사의 이름을 비롯하여 이 기간 동안 경험한 그 밖의 관련 정보를 기억할 수 있었다. 그러나 의사가 단 몇 분이라도 방을 나가야 할 때가 오면 H. M.의 주의가 흐트러지면서 정보는 바로 사라져 버렸다. 인지 측면에서 볼 때 주의 집중은 컴퓨터 모니터가 계속 작동하는 것과 같다. 정보가 담긴 파일이 열려 있는 한, 다시 말해 해당 일화에 계속 주의를 기울이는 한 당신은 정보를 기억할 수 있다. 아무리 짧은 시간이라도 당신의 주의가 딴 곳으로 흐트러지는 것은 컴퓨터의 전원이 꺼지는 것과 같다. 정보를 장기 기억 저장소로 옮겨 저장하는 과정이 바로 해마가 효율적으로 해내는 일이며, 이 과정이 진행되지 않는다면 정보는 영원히 날아가 버리는 것이다.

후두 영역과 달리 전전두 영역은 컴퓨터 작동 체계의 '열기' 기능에 더 가깝다. 열기 버튼을 클릭하면 저장 파일을 스크롤하여 당신이 찾고자 하는 파일을 인출해 모니터에 띄울 수 있다. 이와 마찬가지로 전전두피질도 피질의 보관 영역에 저장된 기억을 스크롤하여 떠올린다.

컴퓨터 비유가 좋기는 하지만 모든 비유가 그렇듯 완전하지는 않다. 컴퓨터에 문서를 저장하는 과정과 달리 해마에 기억을 저장하는 과정은 몇 주나 걸리며, 새로운 의식적 기억의 습득 능력이 사람마다 편차를 보이는 것도 이 때문이다. 젊은 시절의 칼과 같은 몇몇 사람의 경우, 다른 이들에 비해 해마가 더 효율적으로 작동한다. 또 다른 차이점은 컴퓨터가 혼자 힘으로 어떠한 기억 인출도 효율적으로 하지 못해 열기 명령이 없는 한 '어떠한' 파일도 열지 못하는 반면, 사람은 희귀 질병이나 트라우마를 남기는 사건으로 전전두 영역의 기능이 거의 없어졌더라도 전에 보관한 기억을 인출하여 떠올리는 능력은 여전히 남아 있다는 점이다. 다만 이 과정이 느리고 정확하지 않을 뿐이다.

알츠하이머병 vs 정상 노화

해마를 교사에 비유한다면 전전두 영역은 도서관 사서에 더 가깝다. 기억을 인출하는 일은 도서관에 있는 책을 꺼내 오는 것과 같다. 사서의 도움이 없어도 당신은 책을 찾을 수 있지만 훌륭한 사서가 있다면 이 과정을 신속하게 처리할 수 있다.

칼의 첫 방문에서 느낀 긴장이 차츰 풀려 갈 무렵, 나는 그의 망각이 두 부위, 즉 기억 교사인 해마 또는 기억 사서인 전전두피질 중 한 곳의 기능 장애로 인한 것이라고 짐작했다. 이론적으로 두 곳 중 어느 한 부위의 기능이 약화되어도 기억과 관련하여 동일한 불편이 생길 수 있다. 내가 몸담은 업계에는 비법이 그리 많지 않지만, 칼의 사례에서 두 부위를 구분할 비법 정도는 있다. 나는 칼이 최근에 만난 고객의 이름만 잊는지, 아니면 오래전에 만난 고객의 이름도 잊는지 물었다. 전전두피질이 망각의 근원이라면 새로운 기억뿐 아니라 오래된 기억을 인출하는 데도 똑같이 어려움을 겪을 것이다. 반면에 새로운 고객의 이름만 기억하지 못하는 것이라면 해마의 문제임을 암시한다.

아울러 나는 단어를 생각해 내는 데도 어려움이 있는지 칼에게 물었다. 성인이 될 무렵이면 모국어 어휘의 대부분이 피질 속에 기억된다. 대다수 사람이 정확한 단어 하나 또는 문장 중간이나 이야기 중간 부분이 생각나지 않아 좌절을 겪은 일이 있겠지만 그래도 시간이 좀 지나면 뒤늦게나마 불현듯 생각이 떠올랐을 것이다. 이처럼 단어가 생각나지 않는 경우가 점점 잦아질 때 신경과 의사는 곧바로 전전두피질의 문제를 고려한다.

나는 칼에게 공간을 자주 잊는지 역시 물었다. 해마는 일화 속에 담긴 감각 요소를 한데 결합하는 데도 관여하지만, 다양한 공간 요소들, 예를 들면 칼이 고객을 처음 만난 사무실 등을 한데 결합하는 데도 더없이 능숙하다. 나는 환자가 차를 주차한 곳, 익숙한 운전 경로, 열쇠를 둔 장소를 잊어버리는 경우가 있는지도 자주 묻는다. 쇼핑센터를 나섰을 때 차가 있는 곳을 정확하게 기억하거나 아침에 출근한 뒤 열쇠를 둔 장소를 정확하게 기억한다면 해마가 잘 작동하고 있는 것이다. 세월이 흐르면서 이런 유형의 공간 기억에 어려움을 겪는다면, 이는 해마가 당신에게 그 기능이 변하기 시작한다고 알리고 담당 신경과 의사에게 경보를 울리는 것이다.

칼은 굳건했다. 오래된 고객의 이름은 잊는 법이 없었고 다방면에 걸친 풍부한 어휘를 자랑하며 단어를 생각해 내는 데도 어려움이 없었다. 그러나 드물기는 해도 공간 망각을 겪는 일이 있다고 인정했다. 가령 손자와 함께 쇼핑몰에서 나온 뒤, 차를 세워 둔 곳이 어디인지 확실하지 않은 경우가 있었다. 이런 실수를 하는 것은 쇼핑몰이 워낙 넓고 북적대기 때문이라고 늘 쇼핑몰 탓을 했지만, 되돌아보면 스물세 살 손자는 차를 세워 둔 곳을 아무 문제 없이 기억해 냈다는 데 생각이 미쳤다.

초기 평가가 끝날 무렵, 나는 칼의 인지 문제가 어디에 있는지 꽤 확신할 수 있었다. 그의 망각은 해마에서 연유한 것이었다. 지금껏 칼의 해마는 큰 소리로 울려 대면서 피질 중앙 허브가 다른 많은 동년배의 중앙 허브에 비해 훨씬 빠르고 능숙하게 새로운 기억을 저장하도록 해 주었다. 이제는 젊은 시절에 비해 효율성이 떨어지기는 해도 여전히 기능하고 있었다.

"좋아요." 내 생각을 칼에게 설명해 주려고 하자 그가 말했다. "축하드려요, 스몰 박사, 해부학적 실력이 훌륭하시군요. 그런데 원인이 뭡니까?" 나는 그에게 좀 더 기다려 달라고 부탁했고 일련의 검사를 마치고 나서 다음에 찾아올 때 알려 주겠다고 약속했다.

드문 경우지만 해마 기능은 뇌졸중이나 종양 같은 명확한 구조적 병소 때문에 약해질 수도 있고, 역시 드물지만 호르몬이나 비타민 결핍으로 약해질 수도 있다. 칼의 MRI와 혈액 검사 결과를 보고 나는 이러한 가능성을 배제했다. 그와 같은 사례에서 가장 중요한 검사는 정식 신경심리학적 검사이다. 신경심리학자라고 불리는 전문가가 실시하는데, 당신도 받아 보았음 직한 짜증스러운 IQ 검사와 비슷하고 연필과 종이를 사용하거나 컴퓨터로 진행하여 뇌의 여러 인지 관련 부위의 기능을 알아내도록 설계된 검사이다. "여러 인지 관련 부위"에는 기억과 관련된 것도 포함되지만 언어, 계산, 그리고 공간의 물건을 다루는 능력과 추상적 추론 능력도 포함된다. 수십 년 동안 실시된 이 검사는 표준화되어 있으며 다양한 연령, 성, 교육 수준, 인종을 포괄하는 많은 환자에게 실시되었다. 이 검사는 마치 심장과 전문의가 참고하는 심전도 검사처럼 최대한 객관적인 인지 척도로 이용된다.

칼의 사례에서 신경심리학자들이 확인해 준 바에 따르면 그의 전전두피질은 양호하지만 해마는 미세하게 기능이 떨어진다고 했다. 이 검사는 칼과 같은 연령 집단 가운데 동일한 교육 수준을 가진 사람을 포함하여 아주 많은 사람을 대상으로 실시되었기 때문에, 신경심리학자는 칼의 해마가 젊은 시절에 얼마나 뛰어난 기능을 보였을지도 가늠할 수 있었다. 현재 칼의 해마 기능은 다른 칠십 대 연령층에 비해 더 나쁜 것은 아니지만, 인구 통계상 그보다 젊은 사람의 해마 기능보다는 분명히 떨어졌다. 칼은 노화에 따른 해마 기반 기억의 감퇴를 겪고 있었다.

칠십 대 사람이 해마 기반 기억 기능이 악화되었다면 두 가지 원인을 짐작할 수 있다. 알츠하이머병 초기 단계이거나 아니면 정상 노화 과정의 일환이다. 알츠하이머병은 해마에서 시작되며 초기 단계에서는 새로운 의식적 기억을 형성하는 데 약간의 어려움을 겪는다. 그러다 시간이 지나며 측두 피질, 두정 피질, 전두 피질 등과 같은 다른 피질 부위 전반으로 퍼지면서, 치매의 뚜렷한 특징이라고 할 수 있는 더 전반적이고 심각한 인지 결함을 보인다. 그러나 노화로 인한 통상적인 손상 때문에 해마의 온전한 기능이 저하될 수도 있다. 말하자면 우리 모두 나이 들어 가면서 통상적으로 시력 저하를 겪는 노안과 같은 것이라고 할 수 있다.

현재로서는 알츠하이머병 초기 단계와 정상 노화를 명확하게 구분할 정확한 검사가 없지만 앞으로는 상황이 달라질 것이다. 연구자들이 새로 개발한 뇌척수액 검사를 더 완전한 기술로 다듬는 중인데, 이 검사를 이용하면 알츠하이머병의 전형적 특징이라 할 조직학적 뇌 이상의 증거를 알아낼 수 있다. 아밀로이드판 amyloid plaque이라고 불리는, 뇌 속에 든 단백질 덩어리와 신경섬유 매듭이 그것이다. 이 검사의 정확도는 아직 평가 단계이지만 임상

실습에 도입하기 시작했다.

알츠하이머병 초기 단계로 인한 해마 기능 장애와 정상 노화로 인한 해마 기능 장애를 구분할 또 다른 접근법은 해마와 관련한 하나의 사실을 바탕으로 한다. 지난 세기에 등장한 이 사실은 신경병리학자가 뇌 염색을 이용하여 개별 뉴런을 염색할 수 있게 된 이후로 줄곧 관심을 받고 있다. 더 현대화된 도구들을 이용한 결과, 해마에는 몇 가지 종류의 뉴런이 있고 이들이 서로 연결된 별개의 부위를 이룬다는 사실이 명확해졌다. 그러므로 해마는 하나의 단일한 뇌 구조를 넘어서 뇌 회로라고 간주할 수 있으며 이때 해마의 모든 부위는 회로의 접속점 역할을 하게 된다.[3]

해마의 각 부위는 뉴런으로 이루어진 작은 섬과 같고 면적은 불과 몇 제곱밀리미터밖에 되지 않는다. 이는 곧 살아 있는 환자의 해마 부위를 시각화하기 위해 1밀리미터 이하의 해상도를 지닌 뇌 스캐너가 필요하다는 의미이다. 우리 실험실을 널리 알리게 된 혁신 중 하나가, 해마의 개별 부위에 나타난 기능 장애를 확인하려는 명확한 목적하에 MRI 뇌 스캐너의 해상도를 높여 최적화한 작업이다. 이러한 도구들을 이용하여 우리가 알아낸 바에 따르면 알츠하이머병 초기 단계와 정상 노화 둘 다 해마 기능에 영향을 미치지만 그 대상이 되는 해마 부위가 각기 다르다. 현재 수백 명의 사람을 대상으로 오랜 기간에 걸쳐 이러한 영상 검사들을 평가하는 중인데, 이는 알츠하이머병 초기 단계와 정상 노화를 얼마나 정확하게 구분할 수 있는지 확인하는 유일한 방법이다. 우리는 곧 이를 알게 될 것이다.

그러나 칼에게는 곧이 아니었다. 스모킹 건[smoking gun, 총구에서 연기가 피어오르는 장면을 포착한 것처럼, 어떤 사건의 결정적인 증거를 일컫는 말-옮긴이]이라고 할 만한 명확한 증거가 없는 상태에서도 의사는 최대한 정확하게 진단할 의무가 있다. 이후 칼이 찾아왔을 때 나는 그의 검사 결과를 모두 확보한 상태였고 두 가지 가능성에 관해, 그리고 그 시점에서 알츠하이머병이 아닌 정상 노화로 인한 기억 감퇴 쪽으로 임상 진단이 기우는 이유에 관해 솔직하게 이야기했다. 확신하기 어렵다는 점과 현재의 연구 상황을 설명하자 칼의 소송 기술이 혹 치고 들어왔다. 내가 어떤 과정을 거쳐 그런 결론에 도달했는지, 내 지식의 한계를 어떻게 정하게 되었는지 추궁하면서 속사포 같은 질문 공세로 반대 신문을 했다. "기억이란 무엇인가요?" "기억은 어떻게 형성되는 건가요? 해마는 무슨 일을 하나요?"

이런 논쟁을 탈무드 방식이라고 일컫든, 아니면 소크라테스 방식이라고 일컫든 나로서는 아무 거리낌 없이 참여할 수 있다. 이스라엘에서 성장기를 보내는 동안 예시바[yeshiva, 정통파 유대교도를 위한 학교-옮긴이]에서 탈무드 방식 논쟁을 처음 접한 나는 이런 논쟁 방식을 즐기며, 지적 완벽함을 갖춘 상태에서 세련되게 진행된다면 더욱 그렇다. 칼은 속사포처럼 치고 들어오면서도 변호사답게 익살스러운 유머를 섞었기 때문에 도움이 되었다. 가령 H. M.의 이야기를 듣자 칼은 한쪽 눈썹을 치켜올리더니 신경외과 의사가 환자의 기억 형성 능력을 빼앗은 것 때문에 소송을 당하지는 않았는지 물었다.

충분히 이해할 수 있는 일이지만 나의 불확실한 답변에 칼은 좌절했고, 그러면서도 그가 알츠하이머병이 아니라는 나의 생각을 듣고는 안도했다. 뒤이어 그는 자연스럽게 인지 노화로 인한 기억 손실에 어떤 치료 방법이 있는지 물었다. 의약 분야에 종사하는 우리는 이보다 훨씬 포괄적인 물음에 직면하곤 한다. 정상 노화 과정의 일부일 뿐인데 치료법을 찾고자 자원을 쏟아야 하는가 하는 물음이다. 어쩌면 우리는 진짜 질병이자 궁극적으로 훨씬 참혹한 결과를 가져오는 알츠하이머병에만 집중해야 하지 않을까?

나는 1999년 한 인터뷰에서 이러한 딜레마에 관해 목소리를 높였다가 제약업계 사람들에게 격렬한 비판을 받은 일이 있다. 당시 나는 인지 노화에 관한 첫 논문을 발표한 뒤였고 CNN에 출연해 달라는 요청을 받았다. 나는 별생각 없이 우리가 '정신의 비아그라'를 개발해야 하는지 도발적인 질문을 던졌고 이 물음이 인터뷰의 제목으로 올라왔다. 이후 20여 년에 걸쳐 인지 노화의 신경생물학 연구와, 어쩌면 이보다 훨씬 중요한 것으로 인지 노화의 개인적·사회적 영향에 관한 연구가 진행되면서 이 물음에 대한 대답을 알아내는 데 도움을 주었다.

2009년 나는 인지 노화를 주제로 생명윤리학자와 미 식품의약국(FDA) 대표가 참여하는 학술 토론회를 조직하는 데 도움을 달라는 요청을 받았다. 이 토론회를 비롯하여 뒤이은 여러 토론회에서는 정상 노화로 인한 기억 감퇴 치료법을 개발하는 일이 타당하며 정당화될 수 있다는 합치된 의견이 부상했다. 현재 개인의 삶이 인지 측면에서 예전보다 훨씬 복잡하고 많은 것이 요구되는 상황이므로 그러한 해결책이 사람들의 삶에 의미 있는 영향을 미칠 수 있기 때문이었다. 노안을 해결하기 위한 독서용 안경이나 수술이 올바른 길이며 정당화될 수 있는 것처럼, 인지 노화를 고치기 위한 노력도 생물윤리학적으로 올바른 것이다.

나는 이러한 견해를 지지하지만 그럼에도 인지 노화를 개선하는 데는 약물 요법보다 행동이나 식단을 바꾸는 등 생활 요법이 훨씬 적합하다고 믿는다. 인지 노화는 우리 모두에게 일어난다. 전 세계적으로 평균 수명이 늘어나고 있으므로 인지 노화도 급속하게 확산할 것이다. 효과적인 생활 요법을 찾을 수 있다면 모든 사람이 평등하게 이용할 수 있다는 점에서 약물보다 좋다. 아울러 생활 요법은 약물보다 뇌 생명 작용에 미치는 영향이 더 미묘한 만큼, 인지 노화처럼 잠행성[insidious, 서서히 진행되며 눈에 띄는 증상이 없음-옮긴이]이 덜한 병태생리학에 더 적합하다.

우리 실험실을 비롯한 여러 실험실에서는 운동 및 식이 요법이 인지 노화에 미치는 효과를 연구해 왔으며, 인지 훈련의 효과를 연구해 온 실험실들도 있다.[4] 장차 식이 요법과 인지 훈련이 인지 노화를 개선하는 데 도움이 되는 것으로 판명되겠지만 지금 시점에서는 신체 운동만이 임상적으로 추천할 수 있는 최소 기준을 갖추고 있다. 그래서 나 역시 칼에게 신체 운동을 처방으로 제시했다. 칼이 약물 처방을 선호할 것이라고 예상한 나는 그가 또 한 차례 부드러운 반대 신문을 걸어올 것에 대비했고, 만일 그랬더라도 충분히 타당한 신문이라고 여겼을 것이다. 어쨌든 운동이 인지 노화를 치료하지는 못하기 때문이다. 그러나 그는 자신이 알츠하이머병이 아니라는 내 생각에 무척 안도했는지, 아니면 내가 의사로서의 한계를 솔직하게 인정한 점이 고마웠는지 신체 운동 처방에 만족해하는 것 같았다. "좋아요." 그가 씁쓸하게 체념하며 말했다. "아내가 좋아하겠군요. 내 몸무게를 걱정하고 있거든요."

망각은 '결함'이 아니라 '선물'

나는 임상 추적 조사를 위해 그에게 정기 진료를 받으러 와 달라고 권고했다. 진단 검사도 의학적 확실성도 없는 상태에서는 시간의 흐름에 따라 칼의 인지 관련 임상 변화의 궤적을 추적하는 것만이 나의 진단을 확인하거나 부정할 수 있는 최상의 방법이었다. 칼은 기억장애센터에서 제공하는 많은 연구 조사에 등록하기로 했다. 우선은 미 국립보건원의 기금으로 진행되는 관찰 연구를 진행했고, 신경심리학적 검사와 MRI 촬영을 반복하면서 시간의 흐름에 따라 환자를 추적하게 될 것이었다. 다음은 생을 마감한 이후 이루어지는 부검 연구로, 앞서 설명했듯이 정확한 진단을 확실하게 알 수 있는 유일한 길이며 사후 뇌 조직이 연구에 쓰일 수 있는 부가적 이점도 있다. 그는 곧바로 적극성을 보이며 "과학을 위해!" 뇌를 기증하겠다는 열의를 드러냈다. 칼 특유의 운율 섞인 톤에 아이러니한 허세가 실려 있었고, 자식들과 손자들 걱정이 나지막이 이어졌다. 부검 조사에서 알츠하이머병으로 드러나면 자식들과 손자들에게 유전될 수도 있지 않을까 하는 걱정이었다.

그 뒤로 칼은 6개월마다 한 번씩 내 진료실을 찾았다. 그는 늘 격식을 갖춘 옷차림으로 대기실에서 서성거렸고, 나는 그를 만나는 일이 늘 진정으로 기뻤다. 그는 보충제에서부터 명상과 요가까지 자신이 읽은 갖가지 기억 증진법에 관해 물었으며 종종 증거물로 뉴스 클립을 가져왔다. 무엇에 대해서든 마음을 열고 우리 분야의 무지 앞에서 겸손해야 하기에 나는 그가 제시하는 것들을 검토했으며, 인지 개선 효과에 관한 주장을 담은 주요 간행물들을 종종 다운로드해 읽었다. 그중에는 비교적 이치에 맞는 것들도 있었지만 임상적인 공식 추천 기준에 맞는 것은 없었다. 해롭지 않은 방법인 경우, 나는 칼에게 한번 해 본 뒤에 어땠는지 알려 달라고 제안했다. 효과가 있는 것은 아무것도 없었다. 그러나 놀랍게도, 아니 어쩌면 놀랍지 않은 일인지도 모르지만 칼은 결국 명상을 즐기게 되었고 꾸준하게 계속했다. 칼은 11년 후 심장계 원인으로 사망하기까지 2년마다 한 번씩 검진을 받았다. 인지적으로 칼의 해마 기능 장애, 다시 말해 기억 손실은 조금 악화되었지만 결코 뇌의 다른 부위로 퍼지지 않았고 심각한 인지 손상이나 치매도 발생하지 않았다. 그러므로 질병과 무관한 정상적인 인지 노화라는 진단을 뒷받침해 주었다.

최종 확인은 부검을 통해 이루어졌다. 준비가 끝난 뒤에 나는 엘리베이터를 한 차례 갈아타고 창문이 없는 지하 2층 병리학과 구역으로 내려갔다. 신경병리학자와 함께 칼의 뇌 단면들을 살펴보기 위해서였다. 당시 나는 뇌를 연구한 지 거의 30년 가까이 되었고 이 개별 뇌를 연구한 지도 11년이나 된 상태였다. 그러나 아무리 오랫동안 뇌를 연구했더라도 잘 아는 사람의 사후 뇌를 대면할 때 느끼는 경외감이 줄어들 수는 없다. 뉴런이 몇십억 개가 있든, 시냅스 연결이 얼마나 복잡하고 화려하게 펼쳐지든 그 어떤 지식의 총합도 이 뇌 조각들과 살아 있는 존재 사이의 간격을 메울 수는 없었다.

신경병리학자는 물론 칼을 알지 못했고 내가 사랑하던 환자의 이런 모습, 강철판 위에 주의 깊은 해부학적 순서대로 차갑게 진열된 그의 뇌 절개 조각들을 보며 내가 느꼈던 지적·감정적 현기증을 전혀 보이지 않았다. 신경병리학자는 마치 간이나 신장 절개 조각들을 보듯이 냉담하게 칼의 뇌를 한 조각 한 조각 살펴본

다음, 골라낸 조각들을 현미경으로 가져가 확대해 보았다. 한때 맹렬하게 빛났던 해마에서도, 뉴런의 발화로 타닥거렸던 피질에서도 아밀로이드판이나 광범위한 신경섬유매듭은 보이지 않았다. 알츠하이머병이 아니었다.

칼의 기억은 가장 뛰어났던 시절에도 절대 완벽하지는 않았다. 그가 나를 찾아왔던 여러 날들 중 어느 날 나는 그의 문학적 소양을 발견하고는 「기억의 천재, 푸네스」를 읽어 보라고 건네주었다. 그는 작품의 수준을 알아보았고 핵심을 파악했지만 그럼에도 이 작품이 그저 자만에 관한 재치 있는 우화일 뿐이라고 느꼈다. 여전히 사진 같은 기억은 초능력이며 그로서는 탐낼 만한 능력이라고 주장했다. 칼이 죽은 뒤로 십여 년 전부터 핵심적 발견들이 발표되고 더불어 '망각의 과학'이 새롭게 부상하고 있는 지금이라면, 논쟁을 즐기는 나의 친구에게 사진 같은 기억이 저주임을 설득하기가 한결 수월했을 것이다. 이들 연구는 뉴런과 시냅스에서 정상적 망각을 능동적으로 관리하는 분자 구조를 규명하기 시작했다. 더 오래되고 이해하기 쉬운 '기억의 과학'에서 이전 수십 년간 연구를 통해 기억이란 곧 가시돌기가시의 성장이라고 확립한 바 있다면, '망각의 과학'에서 밝혀낸 결과들은 이와 흥미로운 대조를 이룬다.

망각의 과학을 다룬 초기 연구들은 뉴런 차원에서 나타나는 망각의 특징이 그저 기억의 반대, 다시 말해 가지돌기가시의 수나 크기가 줄어드는 것이라고 제시했다. 그러므로 망각이 그저 기억의 결함이라고, 즉 기억을 처리하는 가지돌기가시의 성장 도구가 수동적으로 녹슨 것이라고 가정해도 타당한 것 같았다. 이런 유형의 망각은 칼에게 나타났던 정상 노화에서도 알츠하이머병에서도 모두 생길 수 있었고 둘 다 병적 망각의 유형이라고 여겨졌다. 그러나 알고 보니 정상적 망각의 경우는 달랐다. 지난 몇 년에 걸쳐 등장한 새로운 통찰에서는 정상적 망각에 관여하는 완전 별개의 분자 모음을 알아냈으며 이는 가지돌기가시의 성장과는 뚜렷이 다른 분자 도구상자였다.[5] 이 '망각 도구상자'가 열리면 이 도구들은 조심스럽게 가지돌기가시를 분해하여 그 크기를 줄인다.

자연이 우리에게 한편으로는 기억에 능동적으로 관여하는 분자 도구상자를 주고, 다른 한편으로는 망각에 능동적으로 관여하는 분자 도구상자를 주었다는 것이 밝혀지면서 이제 망각이 그저 기억의 결함이라는 일반적 견해를 명확하게 반박할 수 있었다. 그렇다고 정상적으로 생기는 망각이 이롭다는 의미는 아니다. 이런 의미는 유혹적이기는 해도 틀릴 가능성이 있는 결론이다. 아무튼 자연은 우리에게 망각 도구상자라는 하나의 부속물을 주었다. 이것이 이로운 기능은 전혀 없지만 크게 해롭지는 않은 오래된 잔존물일 가능성도 있다. 아니면, 상대적으로 새로우며 인지적으로 너무도 풍부하고 끝없이 변하는 우리 시대 환경에서는 뜻하지 않게 해로울 수도 있다. 어쩌면 진화가 이러한 인지 차원의 새로운 선택압을 더딘 속도로나마 따라잡게 되면 우리 모두의 골칫거리처럼 여겨지는 망각 도구상자가 사라질 것이다. 우리는 컴퓨터 클라우드 같은 존재로 진화할 것이며 잠재적으로 무한한 기억을 가진 머리, 절대 잊지 않는 머리의 소유자가 될 것이다.

그러나 최근 연구에서 밝혀진 바에 따르면 망각의 분자 도구상자는 사실 이로운 목적으로 쓰이며, 우리가 사는 복잡한 세계에 완벽하게 적합한 확실한 이점을 안겨 준다. 망각은 인지 영역의 선물인 것이다.

경험에 따라 뉴런의 연결 강도가 달라지는 것을 시냅스 가소성이라고 하는데 우리는 이것의 동력에 대해 점차 이해 폭을 넓혀 왔다. 자동차 엔진이나 다른 복잡한 동력 시스템과 마찬가지로 시냅스 가소성도 액셀과 브레이크를 모두 필요로 한다. 가지돌기가시의 축소는 망각 도구상자가 제어하며 이때 따르는 두 가지 규칙은 기억 도구상자가 가지돌기가시의 성장을 제어할 때 따르는 두 가지 규칙과 같다. 다만 반대로 할 뿐이다. 하나의 뉴런이 동시에 입력되는 정보를 받아들임으로써 비로소 가지돌기가시의 성장이 촉발되는 것과 달리, 가지돌기가시의 능동적인 축소 과정은 시간이 지나 입력 정보의 동시성이 사라지거나 혹은 뉴런이 이전 입력 정보보다 중요한 새로운 입력 정보를 받아들일 때 일어난다. 또 기억 도구상자가 천천히, 그러나 확실하게 가지돌기가시가 자라도록 하는 것처럼 망각 도구상자도 세심하게 가지돌기가시가 줄어들도록 한다.

망각 도구상자의 이점은 동물 모델, 일반적으로 파리와 생쥐에게서 가장 뚜렷하게 볼 수 있다. 각 도구상자에 있는 특정 분자의 기능을 선택적으로 조작해 피실험 동물의 행동에 무슨 변화가 일어나는지 관찰할 수 있기 때문이다. 비록 우연히 일어난 유전자 변이가 많은 것을 알려 줄 수 있지만, 명확한 윤리적 이유로 인간에게는 이런 식의 분자 조작을 할 수 없다. 동물은 말을 하지 못하므로 의식적 기억이 "툭 튀어오르는" 그 특별한 경험을 정말로 했는지 확실히 알 수는 없지만 반려동물을 키워 본 사람이라면 동물이 틀림없이 그런 경험을 한다는 확신이 있을 것이다. 아무튼 신경생물학자는 실험실 동물의 이런 복잡한 기억을 평가하기 위해, 인간을 대상으로 하는 신경심리학적 검사와 같은 기발한 행동 과제를 고안해 냈다.

인간을 포함해 모든 동물의 뉴런은 아주 중요한 시냅스까지도 거의 똑같이 생겨서, 심지어는 경험 많은 신경심리학자조차 파리, 생쥐, 인간의 뉴런이나 시냅스 사진을 구분하지 못할 정도이다. 모두 비슷한 수량의 분자가 뉴런에 들어 있으며 이들 분자, 보통은 단백질이 세포의 구조와 기능을 제어한다. 놀랄 일도 아니지만 모든 동물의 모든 뉴런에 들어 있는 기억 도구상자와 망각 도구상자의 핵심 분자는 거의 똑같다. 그렇다면 하나의 분자 도구 모음을 사용하는 동물 모델에서 망각에 관여하는 분자들의 작동이 멈춰 정상적 망각 과정이 방해받을 때 어떻게 될까? 인지적·감정적 대혼란이 일어난다. 이 분자들의 작동이 시작되고 망각 과정이 가속화될 때 인지 및 감정의 수치가 좋아진다. 앞으로 이 책에서 자세히 설명하겠지만, 혼란스럽고 더러는 유해하기까지 한 환경에서 우리가 건강하게 지내도록 정상적 기억과 정상적 망각이 조화를 이루어 우리 정신의 균형을 맞춰 준다.

우리는 평생 배우는 학생이다. 나는 내가 전보다 잘 이해하게 된 것들, 최근 부상한 이런 망각의 과학이 우리에게 가르쳐 준 것들, 다시 말해 칼의 정신이 망각 능력의 축복을 받았다는 사실을 칼에게 설명할 기회가 없어서 아쉽다. 이때 망각이란, 그의 말년에 가속화된 병적 망각이 아니라 더 젊은 시절 내내 경험했던 망각을 말한다.

물론 기억만 있고 망각이 없는 뇌는 야구 통계를 인용하고 시를 암기하는 데는 훨씬 뛰어날 것이다. 또한 변치 않는 세상, 예를 들면 영화 <사랑의 블랙홀>에서 빌 머레이가 연기한 등장인물이 그랬듯이 매일 똑같이 반복되는 환경에서는 탁월함을 발휘할 것이다. 그러나 법률 도서관에 쌓인 온갖 불법행위의 책 더미들처럼 언제든지 정보를 꺼내 올 수 있고 영원토록 기억하는 그런 뇌라면 나쁜 일로 인한 상처도 영원히 잊지 못할 것이다. 다음 장에서 보게 될 테지만, 기억만 있고 망각이 없는 뇌는 불행하게도 의미 있는 삶의 모든 측면을 잘 살아 내지 못할 것이다.

Chapter 2

자폐증

1학년이 된 프레디는 걸어서 학교 가는 길에 노래 부르는 것을 좋아했다. 그의 어머니는 소아과 의사를 찾아와 애정 어린 마음으로 아들에 대해 이렇게 설명하기 시작했다. 아마 이날 찾아온 진짜 목적 앞에서 기운을 내는 중이거나, 아니면 아들에게 몇 가지특이 행동이 보이긴 해도 정말로 잘못된 것은 없다고 스스로 확신을 심어 주려 애쓰는 중이었을 것이다. 그렇더라도 베일은 순식간에 벗겨졌다. 프레디가 노래뿐 아니라 숫자에 대해서도 놀라운 기억력을 갖고 있다는 등 몇몇 희망적인 설명이 이어지더니 이내 어머니는 눈물을 보이며 최근 들어 아들의 행동이 통제할 수 없는 양상으로 바뀌고 집과 학교에서 생활하는 데 지장이 있다고 설명했다. 대체로 상냥한 프레디가 매일의 일과나 환경에 작은 변화라도 인지하면 돌연 화를 낸다는 것이다. 집 안 책장에 있던 책 단 한 권의 배치만 조금 달라져도 좌절했고, 즉시 원래대로 바로잡지 않으면 성질을 부렸다. 하루 일과가 조금도 달라져서는 안 된다고 프레디가 단호하게 요구했기 때문에 거의 의식을 치르듯 일과가 이루어졌다. 등굣길에 어머니가 다른 길로 한번 가 볼까 고려하기만 해도 프레디가 격렬하게 화를 내는 바람에, 함께 손잡고 노래 부르던 등굣길의 행복한 순간들이 산산조각나곤 했다.

프레디의 담당 소아과 의사 레오 캐너 박사(그는 자기 환자를 "프리드리히"라고 일컬었다)는 20세기 중반 존스홉킨스 병원에서 활발한 진료 활동을 했는데, 모두 네 살에서 여덟 살 사이인 다른 어린 환자들의 부모에게서도 때때로 이와 비슷한 유형의 불만을 듣는다는 것을 알아차리기 시작했다. 예를 들어 찰리는 매일 저녁 식탁에 똑같은 모양으로 그릇을 차려 놓지 않으면 마구 화를 내곤 했다. 찰리가 기억하는 모습 그대로 식탁에 은식기를 놓고 난 뒤에야 비로소 가족이 식탁에 앉아 먹을 수 있었다. 수전은 다른 가족들이 아무도 못 보고 지나쳤던 아주 작은 금이 벽에 새로 생긴 것을 알아차리고는 몸이 얼어붙은 채 불안감을 보였다. 리처드는 잠들기 전 침대에서 이루어지는 일과에 대해 완고한 태도를 보였고 매일 반복되는 일과 순서를 정확히 그대로 따라야 한다고 고집했다.

새로운 길을 배우려면 '잊어야' 한다

나중에 '아동정신의학의 아버지'로 유명해진 캐너는 이러한 사례 연구를 모아 새로운 소아과 질환을 규정하는 두 편의 논문으로 내놓았다.[1] 1951년에 "초기 유아 자폐증에서 보이는 전체와 부분의 개념"이라는 제목으로 발표한 두 번째 연구에서 그는 장차 자폐스펙트럼장애로 알려지게 되는 증상의 핵심이라고 할 만한 특징들을 설명했다. "자폐 아동은 정적인 세계, 어떠한 변화도 허용되지 않는 세계에서 살기를 바란다. [아동은] 변화 없이 똑같은 것을 유지하려는 강박적 욕망을 보인다. … 무슨 일이 있어도 현 상태가 그대로 지속되어야 한다." 우연의 일치일 가능성이 크겠지만 보르헤스가 신경학 분야의 공상과학소설이라 할 작품을 썼던 무렵, 즉 주인공답지 않은 주인공 푸네스가 트라우마로 인한 사진 같은 기억 때문에 변화 없이 똑같은 상태를 유지하려는 강박적 욕망을 보이는 것에 관해 이야기했던 그 무렵에 캐너도 자폐증을 지닌 아동이 그들 기억 속에 있는 "사진 같은 세부 사항, 녹음된 것 같은 세부 사항"에서 조금이라도 벗어난 것을 보거나 들을 때 불안해진다고 썼다.

우리 대다수는 책이 가득 꽂힌 낯익은 책장 옆을 지날 때 책한 권이 없어졌거나 다른 책과 위치가 바뀐 것을 거의 알아차리지 못할 것이다. 나무 말고 숲을 보는 것, 즉 이 경우에는 책 말고 책장을 보는 것을 가리켜 심리학자들은 더러 일반화라고 일컫는데, 이는 우리가 구성 요소들에서 일반적인 패턴을 알아내고 부분을 종합하여 하나의 통일된 전체로 통합할 수 있는 인지 능력을 말한다. 부분을 쉽게 재구성하여 하나의 전체로 볼 수 있는 일반적인 인식의 소유자와 달리 자폐 아동은 부분에 지나치게 집착한다고 캐너는 상정했다.

푸네스의 경우에서 보듯이 캐너가 자폐증이라고 진단한 프레디를 비롯한 많은 아동 역시 놀라운 기억력을 가졌지만 주로 한 종류의 기억에 국한된다. 이는 종합적 연상 능력이 부족한 기억을 말하며 더러 기계적 암기라고 불리기도 한다. 한 번만 들어도 노래의 가사와 곡조를 기억하는 것, 그리고 기다란 숫자 목록을 단번에 암기하는 것 등이 기계적 암기의 예이다. 캐너는 부분을 바탕으로 전체를 인식하는 능력과 모든 종류의 기억 사이에 어떤 연결성이 있는지는 뚜렷이 밝히지 않았다. 그러나 정신의 작용에 관한 문학적 통찰이 종종 과학 지식보다 앞서기도 한다는 것을 보여 준 보르헤스는, 일반화하는 인지 능력을 갖기 위해서 반드시 기억과 정상적 망각이 균형을 이루어야 한다고 인식했다. 망각하지 않는 젊은 푸네스는 하나의 감각 경험과 다음 감각 경험을 일반화하지 못했다. 예를 들어 아침 햇살에 본 개와 석양빛에 본 개가 같은 개라는 것을 이해하지 못했다. 그는 끊임없는 삶의 변화로부터 그나마 잠시라도 쉴 수 있으려면 정해진 규칙대로 살아가면서 감각의 과부하를 최소화해야 한다고 깨달았으며, 이를 위해 희미한 조명 아래 아무 변화도 없는 조용한 침실에 자신을 가두었다.

이제는 과학도 문학을 따라잡았다. 망각의 과학을 새롭게 탐구하는 연구자들이 보르헤스의 공상과학소설에 깔린 암묵적 가정이 옳았다는 것, 즉 일반화하는 인지 능력이 정상적 망각을 바탕으로 한다는 것을 입증했다.[2] 나아가 과학은 건강한 인지 활동을 위해 망각이 필요한 이유와 과정을 설명하려고 한다.

동물 모델을 연구하는 과학자들은 쥐와 파리를 이용한 연구에 기반하여 보르헤스의 통찰을 입증하고 설명해 왔다. 그리고 자폐증을 연구하는 임상 과학자들은 우리의 정신이 망각으로부터 어떤 이점을 얻는지, 그리고 끝없이 변하는 세계를 인지하며 살아가는 데 망각이 어떤 도움을 주는지 폭넓은 이해를 제공하는 데 기여해 왔다. 많은 임상 과학자는 자폐증이 한 가지 통일된 병인에서 비롯된 것이 아니라는 가정하에 자폐증을 여러 가지 장애로 분류해야 한다고 주장한다. 가족 집단을 포함한 몇몇 집단에서는 자폐증이 장애가 아니며 단지 사회성이 정상 범위 안에서 극단에 있는 것뿐이라는 입장을 지지하기도 한다. 자폐증이 여러 다양한 장애이든 한 가지 장애이든, 아니면 아예 장애가 아니든 최근의 유전연구에서는 자폐증 환자들 중 기능의 변화가 나타난 신뢰할 만한 유전자 집단을 가진 이들을 확인한 바 있다. 이들 유전자 중 많은 수가 망각의 분자 도구상자에 들어 있으며 또한 그중 많은 수가 망각 기능을 축소하는 것으로 밝혀졌다. 즉, 자폐증을 지닌 많은 사람이 불안을 일으키는 인지 혼란을 줄이기 위해서 변화 없이 똑같은 것을 필사적으로 추구한다는 캐너의 명확한 견해에 신경생물학적 설명을 제공하기 시작한 것이다.

이러한 연구는 정상적 망각이 지닌 가장 커다란 수수께끼로 여겨질 법한 물음, 요컨대 뇌에 뭔가를 보태는 것이 아니라 빼는 것이라고 할 수 있는 망각이 왜 인지 기능에 이로운가 하는 물음을 해결하는 데 도움을 줄 수 있다.

오늘 아침 당신이 낯선 땅에 있는 새로운 집이 아니라 당신이 자던 침대에서 일어났다고 가정하면, 기존의 기억이 얼마나 유연성을 갖는가에 따라 하루 동안 일어날 행동의 많은 부분이 달라질 것이다. 사실 행동은 당신 피질의 기억 용량, 즉 피질에 있는 가지돌기가시의 수와 크기, 그리고 해마가 피질에 있는 이 기억 저장고에 새로운 정보를 채우는 효율성보다는 기억의 유연성에 훨씬 많은 것을 의존한다. 어제의 정보가 약간 달라졌을 때, 가령 아침 일과나 출근, 혹은 식사 시간 가족과의 상호작용이나 직장에서 동료와의 상호작용에 약간의 변화가 생겼을 때 당신은 행동 유연성을 보여 준다. 만일 경직된 정신을 가졌다면 얼마나 큰 어려움을 겪게 될지 쉽게 상상할 수 있을 것이다. 우리 삶이 아무리 틀에 박힌 절차대로 이루어지더라도 기존의 기억을 끊임없이 바꾸어야만 우리는 빠르게 변화하는 지금의 세상에 적응할 수 있다. 집을 가장 멋지게 리모델링하려면 파괴 위에 새로운 건설이 이루어져야 하듯이 뇌가 행동 유연성을 갖기 위한 최적의 방안은 기억과 능동적 망각이 균형을 이루는 것이다.

앞 장에서 우리는 신경생물학이 각기 다른 두 가지 분자 구조를 구분해 낸 것을 보았다. 하나는 기억하기 위한 분자 구조이고 다른 하나는 망각하기 위한 분자 구조였다. 이제 과학자들은 기본적으로 각 경로의 조절 장치에 접근하도록 해 주는 실험 도구를 동물 모델에 적용할 수 있게 되었다. 기억 조절 장치와 망각 조절 장치를 켜거나 끌 수 있으므로 각각의 조작이 동물의 행동에 어떤 영향을 미치는지 측정할 수 있다. 가령 동물이 미로를 빠져나가기 위한 가장 빠른 길을 배우는 중이라면 당연히 기억 관련 분자 구조가 '켜짐' 상태로 변하고 수치도 올라가야 한다. 많이 기억할수록 미로의 복잡성과 탈출 경로를 훨씬 빠르게 배운다.

동물이 경로를 익히고 나면 다시 미로를 약간 변경하여 이렇게 미묘하게 달라진 경로를 새로 배우도록 한다. 처음부터 완전히 새로운 기억을 형성하는 것보다 원래 미로에 맞도록 확립된 기존 기억을 변경하는 것이 다른 경로를 배우는 데 훨씬 효율적이다. 아마도 이때 기억 조절 장치의 수치를 높이는 것이 더 도움이 될 것이라고 여기겠지만, 행동 유연성과 관련된 이 사례나 다른 사례들을 볼 때 새로운 경로를 배우는 속도와 효율성은 사실 기억보다 망각에 훨씬 더 많은 것을 의존한다. 망각 조절 장치를 켜고 수치를 높이는 한편, 기억 조절 장치는 건드리지 않은 채 그대로 두는 쪽이 익히 아는 미로의 새로운 탈출 경로를 더 빨리 배우는 길이다. 이렇듯 행동 유연성에서는 대리석을 조각하는 것처럼 망각의 끌이 우세한 힘을 발휘한다.[3]

분자 차원에서 볼 때 기억이나 망각의 기능을 높이는 구조는 파리와 생쥐, 인간에 이르기까지 모두 같다는 것을 상기하자. 우리는 모두 가지돌기가시의 성장을 통해 기억의 수치를 높이는 분자 도구상자와, 가지돌기가시의 축소를 통해 망각의 수치를 높이는 분자 도구상자를 똑같이 갖고 있다. 동물 모델이 행동 유연성을 보이는 데 망각이 어떤 이점을 갖는지 알아내긴 했지만 그럼에도 우리 종이 어쨌든 특별할 가능성은 늘 있다. 인간의 경우에도 행동 유연성에 망각이 반드시 필요하다는 것을 확인하려면, 유전적 구성으로 인해 망각 능력이 없는 사람을 찾아내어 이런 사실이 영향을 미치는지, 만약 그렇다면 어떤 영향을 미치는지 판단해야 한다. 폭넓은 다양성을 지닌 자연이 자폐증을 통해 우리에게 이런 기회를 제공해 주었다.

서번트는 정말 천재일까?

이제는 세계적으로 탁월한 자폐증 전문가 중 한 명이 된 대니얼 게슈윈드 박사를 처음으로 만난 것은 내가 1990년대 초 UCLA에서 내과 인턴 과정을 수료하고 있을 때였다. 당시 댄은 신경과 레지던트 1년 차로, 나보다 1년 앞서 있었다. 그는 이 대학에 남았고 나는 의사 수련을 마치기 위해 동부 컬럼비아대학으로 옮겼지만 경력 초기 시절에 같은 견해를 가지면서 맺은 우정을 평생 유지했다. 우리 둘 다 뇌에 대한 환원주의적 견해, 즉 모든 행동은 아무리 복잡한 것이라도 세포 단위나 분자 단위의 구성 요소로 환원할 수 있다는 믿음을 지니고 있었다. 아울러 회의론적인 정신을 과학 너머까지 확장하는 패러디 감각 때문에 둘 다 거의 터무니없을 정도라는 소리를 종종 들었다.

댄의 계량적 사고는 대학 시절 화학 전공에도 많은 도움이 되었지만 그에 못지않게 인간유전학 석박사 과정 때도 큰 도움이 되었다. 이러한 교육과정 덕분에 유전자의 화학 구성 및 기능에 대해 깊이 이해할 수 있었지만, 그렇다고 댄과 그의 연구 프로그램이 보여 준 차별성이 여기에 있었던 것은 아니다. 댄이 상급 과정을 시작할 무렵, '유전자 혁명'은 벌써 몇십 년 전에 일어났고 개별 유전자에 들어 있는 암호가 '발현되어' 모든 세포 기능을 관장하는 단백질이 생성되기까지의 과정에 관해서도 이미 명확한 설명이 제시된 상태였다. 의학적으로 이 혁명은 개별 유전자의 결함이라 할 수 있는 돌연변이가 어떻게 겸상적혈구빈혈sickle cell anemia meniscocytosis 같은 희귀 질환을 일으키는지 발견하도록 해 주었다. 그러나 이러한 의학적 발견은 주로 '단순한' 유전적 요인의 장애에 국한되었다. 각 세포에는 2만 개 이상의 유전자가 있으며 이런 맥락에서 볼 때 '단순하다'는 것은 하나의 유전적 변이만으로도 한 가지 질병이 생길 수 있다는 것을 의미한다. 반면에 '복합' 장애는 다수의 작은 유전적 결함과 다양한 환경 요인의 상호작용으로 생긴다.

댄이 유전학 분야에 발을 디뎠을 무렵에는 유전자 수천 개의 기능을 동시에 연구하는 새로운 도구들이 개발되고 있었고 유전학의 범위가 복합 장애의 분자생물학으로까지 확대되고 있었다. 댄의 지적 차별성, 다시 말해 수많은 정보를 종합적으로 통합하여 단일 개념으로 만들어 내는 놀라운 능력 덕분에 그와 그의 연구 프로그램이 발전할 수 있었다. 개별 유전자의 기능 또는 기능 장애에 하나씩 초점을 맞추는 대신, 댄은 선구적인 연구자 집단의 선봉에 서서 수백 개 유전자가 유전자 네트워크에서 어떻게 함께 기능하는지 규명하는 새로운 방법을 고안했다. 이들 연구자 덕분에 이제 한 가지만으로도 저마다 미묘한 영향을 미치는 개별 유전적 오류가 수백 가지나 함께 공모하여 어떻게 복합 장애에서 유전자 네트워크의 고장을 일으키는지 물음을 제기할 수 있게 되었다.

복잡하게 뒤얽힌 정보를 종합할 수 있는 머리라면 삶의 복잡성에 대처하는 데도 도움이 될 것이다. 만에 하나라도 댄의 의사경력이 흔들린다면 의학에는 크나큰 손실이겠지만, 그러면 인생상담 코치도 탁월하게 잘 해낼 것이라고 나는 늘 생각해 왔다. 우리는 거의 같은 나이이지만 댄은 우리 둘 다 UCLA의 젊은 수련의

였던 그 당시부터 일찍이 인생을 알았던 것 같다. 이미 행복한 결혼을 하여 집 앞에 야자나무가 있고 잔디가 덮인 뒷마당에 부겐빌레아가 자라는 샌타모니카의 커다란 스페인 식민지 시대풍 집에서 살고 있었다. 한편 가진 거라고는 캐리어 하나뿐인 싱글이었던 나는 베니스의 해변에 있는 허름한 모래투성이 작은 집에 방 한 칸을 임대해 지냈다. 오랜 시간 동안 댄과 나는 미국의 동부 해안과 서부 해안을 놓고 격렬한 논쟁을 줄곧 이어 왔는데, 고등교육의 질, 그중에서도 신경학 교육의 질이 주제가 되기도 하고, 식당과 예술 작품의 장면, 언제든지 햇살이 빛나는 로스앤젤레스와 감정이 풍부한 뉴욕의 계절이 주제가 되기도 했다.

그러나 이 중에서 댄이 확실하게 이긴 논쟁이 하나 있다. 당시 나는 뇌 장애로 인해 나타나는 최종적인 행동 증상들, 예를 들면 알츠하이머병의 치매, 조현병의 정신 착란, 파킨슨병의 운동장애 증상들이 아무리 복잡해도 뚜렷이 구분되는 뇌의 한 부위와 관련이 있으며, 이후 다른 곳으로 퍼져 더 넓은 범위까지 병든다는 견해를 늘 옹호했다. 나의 연구는 이 원칙에 따라 진행되었으며 이는 이른바 '해부생물학'의 기본 신조이다. 해부생물학은 19세기에 처음 생겨나 20세기에 입증된 개념으로, 이에 따르면 뇌에는 부위별로 각기 다른 뉴런 개체군이 들어 있어서 개별 뇌 부위가 다양한 질병에 대해 각기 다른 선택적 취약성을 갖는다. 우리 실험실에서는 질병의 맨 초기 단계를 알아내기 위해 정교한 신경 촬영 도구를 이용했다. 거기에 해부생물학의 논리를 적용하여 알츠하이머병과 인지 노화를 구분하고 다양한 분자 결함을 분리하며 치료 프로그램을 진행해 왔다. 선택적인 부위별 취약성은 다른 많은 복합 장애, 가령 파킨슨병, 헌팅턴병, 루게릭병과 같은 신경 질환과 조현병, 우울증 같은 정신 질환에서도 기록으로 확인되었는데, 초기에는 모두 뇌의 한 부위를 공격하는 것으로 밝혀졌다.

그래서 댄과 자폐증에 대해 논하던 초기에 나는 최종적인 행동 증상이 아무리 복잡하게 나타나도 이 역시 해부생물학의 원칙을 따를 것이라고 주장했다. 다시 말해 자폐증의 해부학적 근원 역할을 하는 한 부위, 즉 자폐증의 시작 지점이 반드시 있을 것이라고 말이다. 댄은 동의하지 않았다. 나는 자폐증을 가진 여러 연령대의 많은 사람을 대상으로 신경 촬영법을 실시하면서 수십 년 동안 엄격한 연구를 진행해 왔으나 이제는 내 견해의 신빙성이 떨어지는 것 같다고 인정하려 한다. 내내 댄이 옳았던 것 같다. 자폐증이 뇌 전체로 퍼지는 것은 아니며 실은 어떤 질환도 그렇지 않지만, 선택적으로 취약한 특정 뇌 부위가 딱 하나 있다는 견해는 도전을 받고 있는 것 같다.[4]

그러나 댄의 획기적인 유전학 연구에서도 결국 다른 종류의 선택적 취약성이 있는 것으로 나타났다. 이는 뇌 전체에 영향을 미치는 취약성이 아니라 뉴런 내부에 나타나는 취약성이었다. 댄의 연구를 비롯한 많은 실험실의 연구를 통해, 자폐증과 관련한 유전자 네트워크 안의 거의 모든 유전자에 의해 발현되는 단백질이 뉴런 내부의 선택적 부위, 즉 가지돌기가시에 작용한다고 밝혀졌다.[5] 부위별 취약성이라는 것은 일단 위치를 확인하면 "왜 거기인가?"라고 물을 수 있다는 뜻이다. 아울러 이 질문에 답할 수 있으면 어느 뇌 질환이든 밑바탕에 깔린 메커니즘을 이해할 수 있다고 본다. 그렇다면 이들 변형된 단백질은 가지돌기가시에서 무슨 일을 하는 것일까? 자폐증과 관련한 유전자 네트워크에서 나타나는 한 가지 중심 경향은 유전자들이 한데 공모하여 망각 기능을 높이는 분자 경로를 방해한다는 것이다. 평균적으로, 그리고 집단 전체로 볼 때 자폐증을 가진 사람들은 망각 조절 장치가 낮은 수치로 내려가 있는 것으로 보인다.[6]

자폐증을 지닌 몇몇 사람의 경우, 더러 서번트 증후군이라고 불리기도 하는 특출한 기계적 암기력을 보이는데 이런 현상도 망각 기능의 감퇴로 설명할 수 있다. '서번트savant'는 영화 〈레인맨〉에서 더스틴 호프먼이 연기했던 등장인물처럼 뛰어난 인지 능력을 가진 사람을 일컫는 말이다. 서번트 증후군을 지닌 자폐증과 그렇지 않은 자폐증을 비교한 신경 촬영 연구들을 살펴보면 대다수는 서번트 증후군이 커다란 피질과 연관이 있으며 피질에서 가장 두꺼운 부위는 피질 중앙 허브들이 있는 부근이라고 시사한다.[7] 서번트의 기억 유형은 탁월한 해마 기능을 지닌 사람의 기억 유형과 다르다. 해마는 여러 중앙 허브에 분산되어 있는, 복잡한 사건의 여러 구성 요소들을 한데 결합하여 새로운 의식적 기억을 형성하는 기능이 있다는 것을 상기하라.

두 눈을 감고 어린 시절의 침실을 생각해 보자. 해마 덕분에 당신의 머릿속에는 삼차원 공간의 방이 금방 그려지고 여러 차원에서 마음의 눈으로 둘러볼 수 있다. 어쩌면 시계 방향으로 둘러보며 책상에 눈길이 가고 지겨웠던 학교 숙제를 떠올릴지도 모른다. 어쩌면 시계 반대 방향으로 둘러보며 침대 패드의 무늬에 눈길이 갈 수도 있다. 고개를 들어 위를 보면 오래전 조명 기구가 있는 것을 알아차릴 수 있고, 아래를 보면 카펫이 부분적으로 변색된 낯익은 흔적(그리고 그 속에 숨어 있는 이야기)을 알아차릴 수 있다. 이렇게 회상 속에서 인지 공간을 천천히 둘러보는 것은 의식적 기억의 가장 전형적인 특징이며, 해마가 장소에 물건과 시간을 결합함으로써 이런 의식적 기억을 구성한다. 그러나 다시 말하지만 이런 기억 유형은 자폐증이 보이는 특출한 기억 유형이 아니다. 오히려 자폐증을 지닌 사람은 해마 의존 기억을 측정하는 공식 검사에서 일반적으로 좋은 점수를 받지 못한다.[8]

특출한 기계적 암기는 완전히 다르다. 다시 두 눈을 감아 보자. 이번에는 ㄷ으로 시작하고 모음 ㅗ가 들어간 단어 목록을 생각해 볼 텐데, 당신이 떠올린 단어 중 하나가 '도구'라고 가정해 보자. 이 단어를 떠올리기 위해 가령 차고와 같은 회상 속 인지 공간을 둘러볼 필요는 없으며, 머릿속에 망치를 그려 본다든가 목수가 된

지인을 생각해 본다든가 하는 연상도 필요하지 않다. 달리 말하면 연상 기억이 필요하지 않으며 피질의 많은 중앙 허브가 다시 활성화될 필요도 없다. 그저 피질의 도서관 사서, 즉 전전두 영역의 도움으로 긴 목록의 단어를 암기하는 기계처럼 단어가 자동으로 떠오르는 것과 같다. 다들 인정하겠지만 '도구' 같은 명사는 시간과 공간 속에 일어나는 일들이나 다른 특징들과 쉽게 연관되므로 '그러나' 같은 접속사에 비해 인지적으로 잘 달라붙고, 해마의 도움을 약간만 받으면 슬며시 목록 속에 들어갈 수도 있다. 사실 기계적으로 암기하라는 요청을 받았을 때 기억술사가 흔히 쓰는 수법이 이렇게 기억에 장식을 붙임으로써 해마를 이용하는 방법이다. 이들 기억의 마술사는 각 항목마다 허구의 인지 공간을 창조함으로써 앉은자리에서 수십 개의 항목을 빠르게 암기한다. 이 허구의 인지 공간은 일종의 인지 무대와 같으며, 최대한 많은 항목이 올려져 있는 상상 속 장소에 각 항목을 하나씩 연결시킨다. 그러나 해마를 이용하는 이런 수법은 우리 대다수가 날짜나 사실, 단어 같은 것을 암기할 때 이용하는 방식이 아니며 자폐증에게서 나타나는 서번트 증후군이 작동하는 방식도 분명히 아니다. 기계적 암기는 피질의 중앙 허브들이 얼마나 잘 기능하는가에 달려 있으며 연상 기억과 달리 해마에 거의 의존하지 않는다.

이와 같은 향상된 인지 기술이 흥미롭고 몇 가지 이점을 가져다줄 수도 있지만 자폐증을 지닌 대다수 사람에게서 발견되는 것은 아니다. 반면에 자폐증을 지닌 모든 사람에게서 행동의 비유연성이 발견되며 이런 특징이 너무도 확실하게 나타나기 때문에, 자폐증 진단을 고려하려면 반드시 '반복적이며 제한적인 행동'이 임상 특징으로 나타나야 한다. 자기 방에서 절대 나가지 않았던 푸네스를 떠올려 보면, 자폐증을 지닌 사람들이 행동의 비유연성을 보였던 이유를 짐작할 수 있다. 예를 들면 프레디가 변화 없이 똑같은 등굣길을 고집하고 리처드가 잠들기 전 변화 없는 똑같은 순서의 일과를 요구했던 이유는 망각 기능이 떨어진 점, 기억을 깎아내는 끌이 무뎌진 점, 피질에 보관된 기존 기억을 잘 형상화하지 못하는 점과 관련이 있을 것이다.

동물 연구가 이러한 해석을 뒷받침해 준다. 자폐증과 관련 있는 많은 유전자 변화가 나타나도록 유전자를 조작하면, 다시 말해 망각 도구상자에 들어 있는 유전자를 조작하면 가지돌기가시의 성장이 촉발되고 망각은 줄어든다.[9] 이렇게 망각 기능이 손상된 동물들은 마치 프레디가 늘 똑같은 등굣길을 고집했듯이, 미로 탈출 실험에서 다른 경로를 선택하는 것이 훨씬 이로울 때도 늘 똑같은 경로만 선택하는 강한 선호성을 보인다.

얼굴 인식을 가능하게 하는 일반화 인지 능력

자폐증에서 행동의 비유연성이 관찰되는 이유는 정상적 망각 기능의 결함으로 어느 정도 설명할 수 있지만, 변화 없이 똑같은 것에 집착하는 증상은 완전히 설명하지 못한다. 망각, 즉 기억을 깎아 내는 끝이 무뎌지면 집으로 오는 새로운 길을 익히는 데 시간이 더 걸리고 그런 과정에 좌절하기 때문에 변화가 없는 것을 선호할 수도 있다. 그러나 행동의 변화로 이점이 생긴다면 분명 우리 대다수는 결국에 적응할 것이다. 감정을 잘 통제하지 못하는 어린 시절에도 대다수 사람은 자폐증을 지닌 아동처럼 격렬한 반응을 보이면서 변화 없이 똑같은 것을 고집하지는 않는다.

캐너가 말했듯이 자폐증을 지닌 아이들이 왜 변화 없이 똑같은 것에서 위안을 찾는지, 작은 변화에도 왜 그렇게 큰 불안을 느끼는지 설명하기 위해서는 뭔가 다른 이유가 필요하다. 사실 망각이 우리 인지 능력에 가져다주는 더 중요한 이점이 있으며, 이는 자폐증을 지닌 사람들이 변화 없이 똑같아야 하는 필요성을 더 잘 설명해 준다. 이 망각의 인지 능력은 우리 기억을 깎아 내 행동 유연성을 높이는 것에 비해서는 그다지 명확하게 드러나지 않고 너무 깊게 파묻혀 있어, 이 능력이 없을 때에만 비로소 알아볼 수 있다. 바로 일반화 인지 능력이다. 보르헤스가 그려 낸 소설 속 인물 역시 망각 능력의 상실로 인해 가장 심각하게 마비된 것은 일반화 인지 능력이었다. 반복적으로 보는 대상이 개든 다른 어떤 물체든, 심지어는 거울에 비친 자신이든 그의 머리는 각각의 지각 대상을 다른 범주의 새로운 것으로 파악한다. 사실 하루 동안 빛의 양이 달라지므로 각 대상은 언제 보느냐에 따라 시각 피질에 각기 다른 정보를 제공한다. 그럼에도 대다수 사람의 머리는 이를 '같은 개', '같은 사람'이라고 쉽게 판정한다. 반면에 망각 능력이 없는 푸네스는 우리가 지닌 가장 강력한 인지 기술의 하나인 일반화 인지 능력, 즉 요점이나 형태를 추려 내는 능력을 잃었으며 자폐증을 지닌 사람이 늘 변화 없이 똑같은 것을 유지하려는 욕구도 이런 사실로 설명할 수 있다.

망각이 우리의 행동 유연성에 미치는 중요한 영향은 쥐나 파리 실험으로 가장 명확하게 입증된 반면, 일반화 능력에 대한 역할은 계산과학이 가장 잘 입증해 주었다. 디지털 사진을 수백 장 훑어본 다음, 같은 얼굴 사진을 세 장 찾아보라. 각 사진에 담긴 시각 정보가 일치하지 않아도 당신의 머리는 즉각 그 사람을 알아본다. 조명이 다르면 얼굴색이 달라지고 앵글이 다르면 얼굴 모양도 바뀌며 머리 스타일, 모자, 안경, 화장 유무에 따라 얼굴 특징이 달라진다. 이런 상황에서도 당신의 뇌는 '같은 사람'이라고 계산하여 인식한다. 컴퓨터 알고리즘을 설계할 때 이러한 뇌 작동 방식을 많이 차용하기 시작하면서부터 인공지능(AI)의 정보 처리가 달라졌다. 얼굴 인식은 인공지능의 주된 분야로 부상했는데, 이는 사진첩에 섞여 있는 어떤 사람을 찾는 일이나 구글 검색에 유용하기 때문만이 아니라 법 집행에도 도움이 되기 때문이다. 뇌 피질이 정보의 흐름과 처리, 보관을 조직하는 방식을 컴퓨터의 알고리즘이 모방하기 시작하면서 인공지능의 얼굴 인식 기능이 극적으로 향상되었다.

얼굴 인식은 '재인 기억recognition memory'의 한 예로, 전에 익힌 항목을 보여 주고 이를 인식하는지 못하는지 묻는 '회상 기억 recall memory'과는 과정이 다르다. 얼굴 인식을 할 수 있게 해 주는 시냅스 가소성은 시각의 중앙 허브에서 일어나며 얼굴을 인식하는 데 해마가 반드시 있어야 하는 것은 아니다. 여러 중앙 허브를 한데 결합하여 다중 요소의 의식적 기억을 떠올리지 않아도 되기 때문이다. H. M.처럼 해마에 병소가 있는 환자들에게 예전에 본 얼굴을 보여 주면 의식상으로는 이 얼굴을 전에 본 적이 없다고 부정한다. 그러나 한번 짐작해 보라고 강요하면 옳게 짐작하는 경향을 보인다. 시각 피질의 하위 허브에서 중앙 허브까지 이어지는 허브앤드스포크 처리 과정에서는 시냅스 가소성이 정상으로 이루어진 것이다. 허브 간의 결합이 없어서 의식적 회상이 이루어지지 않는데도 무의식적인 인식이 이루어진다는 것은 이들의 허브 안에 정보가 저장되어 있을 수 있다는 증거이다.

얼굴 인식을 위한 컴퓨터 알고리즘 가운데 가장 큰 성공을 거둔 것은 시각 피질의 허브앤드스포크 처리 방식을 모델로 삼은 것이다.[10] 이들 알고리즘에서는 우선 얼굴을 각 구성 요소로 분해한 다음, 이들을 하위 허브에 부호화한다. 시각 피질의 하위 허브에 해당하는 알고리즘의 하위 허브에서는 기본적인 얼굴색, 형태 등을 부호화한다. 그 뒤 이들이 상위 허브로 모여 개별 얼굴의 생김 새를 재구성하는 식으로 이어지다가 마침내 얼굴 처리 경로의 최 상위 중앙 허브가 완전하게 재구성된 얼굴을 '보게' 된다. 우리 뇌 의 뉴런과 마찬가지로 컴퓨터 알고리즘의 각 층은 여러 스포크의 연결망으로 이루어져 있으며 이것이 개별적인 얼굴 특징을 부호 화한다. 사실 컴퓨터과학은 신경과학의 영향을 많이 받았기 때문 에, 망으로 연결되어 하나의 층을 이루는 개별 접속점들을 뉴런이 라고 일컫는다. 이러한 인공 뉴런은 우리 몸의 자연 뉴런에서 나타 나는 것과 동일한 시냅스 가소성의 규칙을 따른다.

증명사진을 보고 사람을 인식하는 능력은 우리에게나 인공 지능에게나 시시한 일에 가깝다. 증명사진은 19세기 사진 기술의 등장과 함께 처음 도입되었고 컴퓨터를 이용한 얼굴 인식의 어려 움을 암묵적으로 인정하면서 발달했다. 그래서 정해진 각도와 조 명, 배경과 같이 눈이나 머리로 쉽게 확인하도록 설계된 것이다. 그런 만큼 컴퓨터 알고리즘이 증명사진 데이터베이스를 살펴보고 하나의 얼굴을 인식하는 것은 쉬운 일이다. 그러나 우리는 우리 자 신에게 그렇듯 당연히 컴퓨터에게도 더 많은 것을 요구하고 있다. 어떤 조명 아래에서든, 두려움이나 사악한 미소로 얼굴이 일그러 져 있어도, 심지어는 가발을 쓰거나 가짜 콧수염으로 위장한 상황 에서도 군중 속에 있는 얼굴 하나를 주목하여 '요주의 인물'을 정 확히 찾아내는 슈퍼컴퓨터조차 너무 당연해져서 이제는 스파이 영화의 진부한 소재가 되었다. 이렇듯 인공지능의 얼굴 인식 능력이 실제로 향상되었다고는 하지만 여전히 우리 머리의 얼굴 인식 능력이 훨씬 뛰어나다. 출입국 관리나 공항 보안에서 (아직) 컴퓨터가 인간을 대신하지 못하는 것도 이런 이유 때문이다.

인간의 이러한 놀라운 능력을 이해하기 위해 우리 시각 처리 경로의 하위 단계에서 얼굴 특징들, 가령 입을 어떻게 부호화하는지 생각해 보자. 동일 인물의 다양한 사진이 제시되었을 때 이 하위 단계의 뉴런은 수천 가지 차이, 예를 들어 미소 짓는지 찡그리는지, 왼쪽이나 오른쪽 끝에 담배를 물고 있는지, 립스틱을 발랐는지 안 발랐는지 등등을 인식해야 한다. 감각 처리 과정에서 부딪힐 수많은 가능성을 해결하기 위해 이 하위 단계에서는 충분한 정도의 연산 유연성을 보여야 할 것이다. 행동 유연성이 그랬듯이, 기억 용량이 크면 이론상으로는 감각 처리에 필요한 연산 유연성을 구축할 수 있지만 이는 어디까지나 수백만 가지의 차이가 사전에 정해진 세계에서만 가능하다. IBM의 슈퍼컴퓨터 딥블루가 체스 그랜드마스터인 가리 카스파로프를 이길 수 있었던 이유 중 하나는 딥블루의 엄청난 기억 용량 덕분에, 가능한 모든 체스 움직임을 저장할 수 있었기 때문이다. 이기기 위해 쓸 법한 체스 움직임은 한정되어 있으며, 따라서 슈퍼컴퓨터의 메모리에 전부 저장할 수 있다.

그러나 패턴 인식에서는 우리 뇌가 훨씬 뛰어나다. 우리 뇌의 '입 허브'가, 알려진 모든 립스틱 색깔을 저장할 수 있도록 슈퍼컴퓨터의 저장 용량과 맞먹을 만큼 충분한 가지돌기가시를 타고났다고 가정해 보자. 우리의 감각 처리 경로는 무한한 수의 작은 변화를 모두 수용할 만큼 유연하므로, 새로 개발된 립스틱 색깔을 입술에 발랐더라도 입 허브는 여전히 그 입을 알아볼 수 있을 것이다.

우리가 이런 일을 어떻게 해내는지 컴퓨터과학이 가르쳐 주었다. 컴퓨터과학자들은 여러 가지 컴퓨터 알고리즘을 시험한 결과, 기억 용량을 더 늘린다고 해서, 말하자면 가지돌기가시의 수를 더 늘린다고 해서 얼굴이나 다른 어떤 것의 패턴 인식이 향상되지 않는다는 것을 깨달았다. 대신 인간의 연산 유연성을 인공적으로 만들어 내기 위한 더 효과적인 방법은 알고리즘이 더 많은 것을 망각하도록 하는 것이다. 컴퓨터과학에서는 이러한 유형의 망각을 더러 드롭아웃dropout이라고 부르는데, 얼굴 특징을 처리하는 데 할당된 인공 시냅스의 수를 특정 단계에서 강제로 줄이는 것을 의미한다.[11] 이는 우리 피질의 정상적 망각과 마찬가지인 디지털 차원의 망각이다.

얼굴을 인식하는 데 망각이 어떻게 도움이 되는지 구체적으로 파악하기 위해, 고해상도 카메라로 찍은 사진 속 인물의 입에 주의를 기울여 보자. 당신이 볼 수 있는 수준의 세부 사항에 주목하여 아랫입술의 주름 하나하나, 윗입술 위쪽에 깎지 않은 털 하나하나 모두 의식적으로 기억하라. 당신 뇌에 있는 입 허브에 가지돌기가시가 충분한 수만큼 있다면 이 한 장의 사진에 담긴 모든 정보를 점묘 화가처럼 정확하게 저장할 수 있을 것이다. 당신이 입에 관해 이런 수준의 사진 같은 기억을 갖는다면 입을 한 번 보고 나서 높은 정확도로 입을 떠올릴 것이고, 만일 예술적 재능이 있다면 입을 재현하여 그릴 수도 있을 것이다. 이는 자폐증을 지닌 사람들 가운데 일부가 보여 주는 기계적 암기 재능이다. 이런 정확성이 놀라운 성취일지 몰라도 당신의 연산 유연성과 일반화 능력에는 큰 손실을 가져온다는 사실을 컴퓨터과학이 우리에게 가르쳐 주었다. 아주 작은 세부 사항에 집착하면 미묘한 차이만 보여도 동일한 입이라고 인식하지 못할 것이다. 당신은 이런 하위 허브에 갇혀 있을 것이고 이는 상위 허브로 올라가는 정보 처리 흐름을 가로막고 전체 얼굴의 재구성 및 인식 속도를 더디게 할 것이다.

컴퓨터과학자들은 이런 높은 수준의 사진 같은 기억을 방해함으로써 이 문제를 극복할 수 있음을 깨달았다. 엔지니어들은 우리가 단계별로 이용하는 능동적 망각을 컴퓨터 처리 경로에 넣어, 컴퓨터의 각 층에서 사람 얼굴 특징의 모든 세부 사항이 아닌 핵심만 기록하고 저장하도록 한다. 각각의 얼굴 특징, 궁극적으로는 얼굴 전체를 인식하면서도 이를 일반화할 수 있을 만큼의 정보만 각 허브에 저장되도록 하려면 반드시 망각이 필요하다.

조각조각 쨍그랑거리는 세계에서

자폐스펙트럼장애에는 여러 이질적인 증상이 포함되어 있는 데다 각각 다른 시기에 다른 사람을 대상으로 연구가 이루어지는 탓에 자폐증 행동 연구는 완전히 일치된 견해에 이르지 못하고 있다. 그럼에도 대다수 연구는 자폐증이 감각 처리 과정에서 단계가 더 낮은 하위 허브를 좋아하고, 숲 대신 나무를 보는 성향이 더 강한 특징을 보인다고 확인해 주었다.[12] 이는 하위 층의 처리 경로에 망각이 포함되어 있지 않은 컴퓨터 알고리즘에서 관찰되는 모습과 동일하다. 자폐증이 "대상의 부분에 집요하게 집착하는 증상"을 보인다는 캐너의 임상적 직감을 이들 심리학 연구가 입증해 준 것이다.

매우 멋진 연구들 가운데 16세기 이탈리아 화가 주세페 아르침볼도가 과일과 채소와 꽃으로 이루어진 인물을 그린 그림에서 영감을 받은 것도 있다.[13] 이런 시각적 샐러드를 사람의 얼굴로 착각하는 것은 감각 통합 과정에서 우리의 시각 처리 경로가 작용하는 방식 때문이다. 즉, 부분을 합쳐 하나의 전체로 종합하려는 우리의 성향이 너무 강해서 종종 구름이나 바위 모양, 심지어는 자동차 그릴도 사람의 얼굴로 보이는 착각이 일어난다.

연구자들은 접시에 과일과 채소를 여러 가지 조합으로 배열한 일련의 시각 자극을 만들어 내었다. 얼굴이 명확하게 보이는 아르침볼도의 인물화들과는 달리 이들 시각 자극은 얼굴과 닮아 보이는 정도가 제각기 달랐다. 연구자들은 자폐증을 지닌 아동 집단과 그렇지 않은 아동 집단에게 이러한 시각 자극을 보여 주었다.

자폐증을 지닌 아동은 이로부터 얼굴을 인식하는 데 평균적으로 시간이 더 걸렸다. 이러한 지체 현상이 일어나게 된 것은 접시에 놓인 개별 품목에 집착한 탓에 부분을 전체로 통합하는 정신 능력의 속도가 느려졌기 때문이라고 해석됐다.

당신도 접시에 놓인 음식으로 장난삼아 이러한 시각 자극을 재연해 보면 이 연구의 의미를 알 수 있을 것이다. 둥근 흰 접시에서 사람 코의 위치라고 할 법한 한가운데 작은 딸기 하나를 놓아 보라. 딸기 양쪽 위로 눈이 될 만한 작은 당근 조각 두 개를 놓고 딸기 바로 밑에는 입이 될 만한 멜론 조각을 놓아 보라. 당근 위에는 눈썹이 될 만한 사과 껍질 두 개를 놓고 이를 사진으로 찍어 다른 사람들에게 보여 주자. 제대로 놓았다면 이 '레시피'는 거의 모든 사람의 시각 피질에서 하나의 얼굴을 요리할 것이다. 이제 몇 가지 품목을 뒤섞거나 없애서 배열 방식을 달리해 얼굴과 닮아 보이는 정도에 변화를 주고 사진을 찍자. 다소 어렵기는 하지만 최종적으로 대다수 사람이 얼굴이라고 인식할 법한 사진 한 장을 고르자. 아마 딸기를 없앤 사진이거나, 아니면 사과 껍질 하나와 당근 조각 또는 멜론 조각의 위치를 바꿔 놓은 사진일 것이다. 이를 여러 친구에게 보여 주고 그들이 이 시각 자극을 얼굴로 인식하는 데 얼마나 시간이 걸리는지 기록하자. 가장 빨리 얼굴을 인식한 친구의 경우는 추정컨대 시각 피질의 하위 허브에 있는 가지돌기가시가 개별 정보에 별로 집착하지 않는 특성을 보일 것이다. 반면에 가장

주세페 아르침볼도, 〈베르툼누스: 루돌프 2세〉(출처: 위키피디아)

느린 친구는 가지돌기가시가 마치 벨크로처럼 정보에 강하게 달라붙는 특성을 보여서 전체를 통합하는 능력이 떨어질 것이다.

이보다 오래전에 현실 세계의 자극을 이용한 또 다른 연구가 있었는데, 이 연구에서는 피실험자가 직소 퍼즐을 완성하는 데 걸리는 시간을 측정했다.[14] 수백 개나 되는 직소 퍼즐 조각을 탁자에 쏟았다고 상상해 보라. 한 사례에서는 완성된 퍼즐 그림이 있는 상자를 봐도 좋다고 허용해 주어, 당신이 이 '전체' 모습을 지침으로 삼아 조각을 맞출 수 있게 했다. 또 다른 사례에서는 상자를 보지 못하게 했다. 분명 당신은 완성된 결과물을 보는 데서 이점을 누릴 것이고 첫 번째 사례일 때 더 빨리 퍼즐을 완성할 것이다. 이 연구는 자폐증을 가진 사람의 경우, 상자를 보더라도 그렇지 못한 사람에 비해 얻는 이점이 평균적으로 적다는 것을 보여 주었다. 사실 몇몇 자폐증 피실험자의 경우는 상자를 보든 그렇지 않든 퍼즐을 완성하는 데 걸리는 시간이 같았다. 그들은 전체 모습을 의식하지 못하는 것처럼 한 조각 한 조각씩, 한 부분 한 부분씩 맞췄다. 숲을 보여 주어도 여전히 나무에 온 정신이 가 있었던 셈이다.

자폐증을 진단할 때 필요한 또 다른 임상 특징은 "사회적 상호작용 및 사회적 의사소통에서 지속적으로 나타나는 결함"이다.[15] 몇몇 심리학자는 전체를 보지 못하고 부분에 집중하는 자폐증의 편향성을 확장하여 이러한 임상 특징을 설명하기도 했다. 사회 활동 역시 패턴 인식에 의존하는데, 여기서는 당신이 상호작용하는 사람이 끊임없이 던지는 사회적 신호들이 퍼즐 조각에 해당한다. 당신은 얼굴 특징을 종합하여 하나의 얼굴을 인식하는 것처럼, 여러 가지 신호를 종합하여 그 사람의 사회적 의도를 인식해야 한다. 저 미소는 진정 다정한 미소일까, 아니면 그저 예의를 차리는 것일까? 저 어조는 진심 어린 것일까, 아니면 비꼬는 것일까? 당신 머릿속의 알고리즘이 이런 복잡한 사회적 신호를 해체하여 분석한 뒤에 포괄적인 해석으로 재구성해 내는데, 그 결과의 미묘한 차이만으로도 당신의 반응에 영향을 미칠 것이다. 이렇게 주고받는 것이 사회 활동의 핵심이며, 이런 사회적 담화에 얼마나 잘 참여하는가에 따라 당신은 사회 활동의 요령을 아는 사람으로 간주되기도 하고 서툰 사람으로 간주되기도 한다. 외부에서 들어오는 사회적 자극을 처리하는 일은, 해부학적으로 위치를 정하기는 훨씬 어렵겠지만 아마도 얼굴 특징을 처리하는 것과 동일한 허브앤드스포크 방식으로 이루어질 가능성이 크다. 그러므로 자폐증을 지닌 사람들이 사회적 상호작용에 어려움을 겪는 경향도, 감각처리 경로의 부분 처리 편향성으로 설명할 수 있을 것이다.

컴퓨터과학과 자폐증 증상에서 얻은 통찰이 한데 모인 덕분에 이제 우리는 외부 세계의 표상을 더 잘 기록하고 인식하기 위해 망각이 필요하다는 것을 이해하게 되었다. 인공지능과 우리가 타고난 자연지능 모두 망각에 의존하여 일반화를 하며 구성 요소들을 바탕으로 전체를 재구성하기에, 미묘한 차이가 수없이 많은 경우에도 범주화하고 분류할 수 있다.

우리의 머리가 외부 세계를 얼마나 충실히 재구성하여 반영하는지에 대해 철학자들은 토론을 벌이고, 마술사들은 우리의 이런 타고난 능력을, 동시에 보고 들은 것을 바탕으로 패턴을 잘못 재구성하도록 하는 데 이용한다.[16] 그럼에도 우리 대다수는 아침에 본 개와 저녁에 본 개가 같은 개라는 뻔한 결론을 내릴 수 있기를 바란다. 놀라운 일이 더러 멋질 때도 있지만 뭔가를 보고 들을 때마다 매번 놀란다고 상상해 보라. 어느 지점에 가면 끝없는 충격과 경외감으로 심리적 불편을 느낄 것이다. 사람들로 북적대는 가운데 한도 끝도 없이 신기한 것들을 경험하는 대규모 행사를 떠올려 보자. 내가 어느 해 12월 31일 타임스스퀘어에 갔던 일이 여기에 해당할 것이다. 처음에는 시끄러운 소음도, 깜박거리는 밝은 불빛도, 온갖 신기한 것들과 혼란도 즐거웠지만 결국 불편해졌고 심지어는 불안감이 들기도 했다. 익숙하고 조용한 내 작은 아파트로 돌아왔을 때 얼마나 안도했던가. 익숙한 환경의 고요함과 끝없이 이어지는 자극을 대비해 보면, 피질 망각 기능이 약화된 사람이 왜 그토록 변화 없이 똑같은 환경을 좋아하는지 이해할 것이다. 피질 망각과 함께 일반화 능력이 작동해야 우리는 더욱 잘 조직하고 분류할 수 있으며, 어수선한 것들을 정리하고 오직 부분으로만 감각되어 쨍그랑거리던 외부 세계의 소음도 누그러뜨릴 수 있다.

보르헤스가 간단명료하게 정리했듯이 "생각한다는 것은 곧 차이를 잊고 일반화하고 추상화한다는 것이다". 자폐증은 망각 기능의 약화로 기억과 망각의 균형이 삐딱하게 망가졌을 때 삶이 얼마나 버거울 수 있는지 우리에게 보여 주었다. 캐너가 임상적으로 말했듯이 "자폐증을 지닌 아동들에게는 특이한 유형의 강박증이 있으며 이 때문에 아무 변화 없이 정적인 환경이 유지되기를 절박하게 요구한다. 조금만 바뀌어도 당혹감과 커다란 불편을 느끼는 것이다. 변화 없이 똑같은 것에서 안도감을 느끼지만 이는 매우 취약해서 곧 사라져 버린다. 변화는 끊임없이 생기고 그에 따라 아이들은 지속적으로 위협당하며 자신들의 안도감을 깨뜨릴 이런 위협을 피하고자 팽팽한 긴장 속에서 애쓰기 때문이다".

끊임없는 변화가 일어나지 않는 세상이라면 망각하지 못하는 사람도 잘 살 수 있을 것이다. 그러나 지금처럼 끝없이 변하고 더러는 소용돌이치듯 격동하는 세상에서는 기억과 망각의 균형을 이룬 사람만이 적응하여 이상적으로 발전해 왔다는 것을 우리는 알고 있다. 고맙게도 다양한 스펙트럼에 걸쳐 있는 모든 사람, 다시 말해 우리 모두는 일정 수준의 망각 기능을 갖고 있다. 망각하지 못하는 정신은 세상을 변화 없이 단조로운 상태로 계속 고정해 두고 싶다는 참을 수 없는 절박함에 마비되고 말 것이다.

Chapter 3

외상후스트레스장애

컬럼비아대학 정신의학과 교수인 유발 네리아 박사는 외상
후스트레스장애(PTSD)에 관한 프로그램을 총괄하고 있다. 그는
1973년 욤키푸르전쟁[이스라엘이 이집트 및 시리아 주축의 아랍 연합군과 치
른 전쟁-옮긴이] 동안 탱크 부대 지휘관으로 참전해 군대에서 가장
높은 훈장인 '용맹 훈장'을 받은 바 있다. 나는 2011년 유발이 교
수진에 합류한 후 처음 만났지만 어릴 때부터 그를 알고 있었다.
내가 1970년 가족과 함께 미국을 떠나 이스라엘로 이주한 뒤에
그곳에서 자랐고 당시 유발 같은 전쟁 영웅은 나라 전체가 아는
유명인이었기 때문이다.

유발은 컬럼비아대학에 새로 채용된 직후, 외상후스트레스
장애와 기억의 연관성에 관해 공동 연구를 추진할 수 있을지 모색

해 보자며 내게 연락을 해 왔다. 군인 시절 유발의 명성을 알고 있던 나로서는 무엇을 기대할 수 있을지 확신하지 못했다. 그러나 유발을 만나고 나니 그가 우리 사이에서 더러 '골든' 이스라엘인이라고 묘사되는 그런 사람이라는 것을 알 수 있었다. 여기서 '골든'이란 몇몇 사람이 이스라엘인에 대해 갖고 있는 정형화된 이미지, 즉 현란하고 주제넘게 거만한 유형을 의미하는 것이 아니며 실은 이와 정반대되는 유형이다. 내가 이스라엘에서 자랄 때 '골든'은 인본주의와 연민의 깊이 있는 양식을 지닌 특출한 사람을 지칭했으며 그들은 겸손과 조용한 힘을 두루 갖추고 있었다. 사실 되돌아보면 유발에게 그런 품성이 있다는 사실에 놀랄 필요가 없었다. 나의 이스라엘 친구 중 누구에게라도 유발 이야기를 꺼내면 그들은 유발이 군 복무를 마친 뒤 '피스 나우'라는 민중운동의 창립 회원이 되었으며 이 운동의 주된 임무가 수십 년 동안 내려온 이스라엘과 팔레스타인 사이의 갈등을 중재하는 것이었다고 일깨워 주었다. 아울러 유발은 전쟁 경험에서 영감을 받아 소설을 한 편 쓰기도 했는데, 크고 작은 트라우마의 고통에 관한 지혜를 바탕으로 예리한 심리학적 통찰을 담아냈다.

유발은 나에게 연락해 왔을 당시 내 실험실에서 기억의 해부학을 연구하기에 알맞은 MRI 도구를 개발했다는 것은 알고 있었지만 내가 이스라엘에서 자랐다는 것은 전혀 알지 못했다. 기억과 고통스러운 감정이 뇌에서 어떻게 연결되는가를 놓고 진행되던 우리의 과학적 논의는 내가 출신 이야기를 꺼낸 뒤로는 종종 개인적인 이야기로 빠지거나, 히브리어로 더러 '땅'을 일컫기도 하는 이스라엘에 관한 이야기로 빠지곤 했다. 이스라엘 본토박이들은 나 같은 이주자에게 이스라엘인으로서의 진실성을 확인해 보기 위해 흔히 두 가지 질문을 던지곤 하는데, 한 가지는 이스라엘군에 복무했는가이고 다른 한 가지는 만일 그렇다면 어디에서 복무했는가이다. 유발도 내게 이 질문을 했다. 나는 복무한 적이 있고, 특수부대 중 하나인 사이렛 골라니에 있었다고 대답했다. 내 군대 시절에 관한 대화는 대부분 다행히도 이쯤에서 끝나곤 했다. 하지만 유발은 이 부대가 수행한 가장 유명한 작전 중 하나인 보퍼트성 전투에 대해 잘 알고 있었고 결국 내가 이 전투에 참여했는지 물었다. 나는 이 전투에 참여했다.

참전 경험과 PTSD

보퍼트성은 십자군전쟁 시절 레바논 남부에 세워진 요새로 이스라엘 북부 국경 지대를 내려다보는 산 절벽 높이 자리 잡고 있다. 1970년대 후반 이스라엘 북부 갈릴리 지역의 농부, 학생, 그 밖의 시민들이 이곳 보퍼트에서 빈번하게 날아오는 로켓의 표적이 되었다. 이들에게, 그리고 이스라엘인 전반에게 보퍼트는 이 프랑스어 명칭이 함의하는 바와는 달리 더는 '아름다운 요새'가 아니었다['Beaufort'는 아름답다는 뜻의 'beau'와 요새라는 뜻의 'fort'가 합쳐진 명칭이다-옮긴이]. 1982년 6월 6일 아침 이스라엘 방위군은 1차 레바논전쟁을 개시했다. 우리 부대는 보퍼트를 확보하기 위한 선봉대로 전날 밤 레바논에 파견되었다. 이는 곧 시리아 특수부대원들이 배치되어 있는, 성 주변을 둘러싼 일련의 참호를 장악해야 한다는 의미였다. 참호에는 목숨을 위협하는 온갖 것들이 있었다. 어마어마하게 높은 콘크리트 벽으로 둘러싸인 좁은 통로, 내부 벙커가 있는 복잡한 미로, 로켓으로 발사하는 수류탄과 기관총 등의 장비로 보강해 놓은 외부 진지들. 근거리 발포와 폭탄이 오가는 참호 전투는 일반적으로 가장 유혈이 낭자한 전투 유형에 속하며 그날 밤 보퍼트성의 전투도 다르지 않았다. 사실 너무 섬뜩해서 이후로 줄곧 나는 그 전투의 피비린내 나는 세부 사항에 대해서는 깊이 들어가려고 하지 않았다.

전투와 관련하여 많은 사실이 대중적으로 알려져 있었지만 유발은 더 많은 것을 알고 있는 것 같았다. 아마도 그가 여전히 접촉하고 있는 많은 군 장교로부터 내부 정보를 얻은 것이 아닌가 짐작했다. 그 자신의 경험도 있는 데다 임상 수련까지 거친 상태이고 우리는 외상후스트레스장애와 관련한 기억의 문제를 연구하는 학술 집단에 함께 참여하는 중이었기 때문에, 어느 시점이 되자 유발은 나나 내 전우 중 누군가 외상후스트레스장애를 앓은 적이 없는지 물었다. 믿기 힘들겠지만, 외상후스트레스장애에 대한 의식이 점차 높아지고 나 자신이 의학 수련까지 거쳤음에도 나와 내 전우들은 한 번도 그 주제를 입에 올린 적이 없었다. 다 함께 모일 때마다 늘 그 시절의 고통스러운 기억으로 돌아가기는 했지만, 빈정거리는 농담으로 심각한 문제를 은폐하는 모습만 보였다.

우리는 비밀 서약을 한 적은 없었으나 전투의 세부 사항뿐 아니라 몇 달 뒤에 우리에게 일어난 일도 우리끼리만 알고 있어야 한다는 대강의 이해가 있었다. 유발의 설득으로 나는 몇몇 전우에게 연락했고 전투 이후의 몇 가지 기억을 이야기해도 좋다고 허락받았다. 당시 전쟁은 맹위를 떨치고 있었지만 우리 부대는 몇 가지 특수 작전을 완수한 뒤에 북부 이스라엘에 있는 본거지로 돌아가 추후 임무를 기다리라는 명령을 받았다. 우리는 나머지 군대와 떨어진 안전한 곳에서 다음 임무를 기다리는 숨 막히는 대기 상태로 다 함께 살았다. 우리가 지내던 직사각형의 콘크리트 막사는 인도 제국 시대부터 내려온 것으로, 주변이 온통 커다란 유칼립투스로 둘러싸여 있었다. 이스라엘군은 이 기지에 새로운 장비를 설치하여 정찰, 특수 무기, 자기방어, 그리고 살인의 기술을 가르치는 엘리트 학교로 삼았다. 다행히도 추가 임무는 없었으며 우리는 몇 달 뒤에 복무 기간이 끝나 제대했다.

그 마지막 몇 달 동안 우리 중 많은 이가 행동의 변화를 보였다. 전쟁 전까지 우리 중에는 술을 많이 마시는 사람도, 기분 전환용 약물을 하는 사람도 없었다(당시 이스라엘 십 대들 사이에는 술이나 약물이 많이 퍼져 있지 않았다). 이제 우리는 위스키와 보드카를 처음으로 마음껏 마시고 군 보급품인 회색 금속 옷장 안에 술병을 몰래 숨겨 두었다. 몇몇은 시험 삼아 마리화나를 피우기도 했다. 재즈와 문학을 사랑했던 소수는 콜트레인을 요란스럽게 틀어 놓고는 우리가 생각해 봐도 우스꽝스러운 대사의 연극을 써서 상연했다. 부대 지휘관들은 우리가 그냥 연기하는 것이라 생각했고 우리는 그렇게 했다. 그러나 대본 중에 이스라엘 국기로 몸을 휘감은 채 외설스러운 행위를 하는 장면이 들어가자 지도부가 우려를 표명하기 시작했다. 한번은 군 정신과 의사를 불러오는 것이 어떨까 논의했던 일이 희미하게 생각나지만 아무 결론도 나지 않았다. 외상후스트레스장애가 잘 알려지기 전이었고 우리 모두 스트레스에 대해 어떤 행동을 했는지 기록을 작성했다.

나는 이런 기억을 유발에게 이야기하면서 외상후스트레스장애의 공식적 기준에 대해 약간의 무지를 드러냈다. 어쩌면 당연한 임상 질문을 한 번도 다루지 않은 것에 대한 당혹감을 숨기려고 무의식적으로 술책을 쓴 것인지도 모른다. 유발은 다 안다는 듯 미소를 짓고는 전문가답게 기준을 재검토했다. 그 직후에 나는 당시 가장 가깝게 지내던 친구 두 명에게 연락했고 이 기준을 함께 점검했다. 이 모든 항목들을 우리에게 적용하는 것이 맞는지 생각하면서 마치 고객센터의 설문 조사라도 작성하는 듯이 섬뜩할 만큼 무심하게 목록을 살펴보았다. 그다음에 유발과 만난 자리에서 나의 '결론들'을 논의했다.

충격적 외상 사건을 겪고 나서 보통 몇 달 뒤에 시작되는 외상후스트레스장애의 증상은 네 가지 일반 범주로 나뉜다. 첫째는 외상 사건을 회피하는 증상으로 내 전우들에게도 해당하는데 우리는 이따금 모임 자리를 갖는 예외를 보인다. 유발은 이러한 예외 행동이 전시의 외상 사건으로 생긴 외상후스트레스장애에서는 종종 보이며 전우들 사이에 나타나는 전형적인 역동성이라고 말했다. 두 번째 범주의 증상은 자기 자신과 세상에 대해 만성적인 부정적 태도를 보이고 미래에 대해서도 음울한 절망을 품는 것이다. 우리 세 명 모두 알고 보니 식구들 사이에서 비관론자로 통하고 있었지만(우리는 동의하지 않는다!) 우리 중 누구도 침울하거나 절망적이지는 않았다. 세 번째 범주는 과장된 감정 반응성이다. 예를 들면 위험을 지각했을 때 잘 놀라거나 과도한 경계심을 보이는 증상인데 이는 수면 장애나 분노 폭발로 이어질 수 있는 감정 상태이다. 마음이 불편해진다는 이유로 우리 셋 모두 불꽃놀이를 싫어하며 극장이나 경기장 등 사방이 막힌 공공장소에 들어갈 때면 곧바로 다급하게 비상구부터 확인한다. 그러나 이런 생각은 지극히 평범한 것이며 병적으로 보이지 않는다.

네 번째 범주는 이 책과 가장 관련이 깊은데 이른바 '소거'에 결함이 생기는 것이다. 소거란 심리학 용어로 트라우마를 잊는 능력을 말한다. 유발의 설명에 따르면 이 범주는 가장 중대한 진단

기준이 되며 대부분의 다른 증상을 유발한다. 이 범주는 외상 사건의 기억이 '끼어드는' 특성, 다시 말해 반복적으로 되살아나서 괴롭히는 특성을 지니며 갑자기 생생하게 떠오르는 회상, 악몽, 그리고 외상 사건을 떠올리게 하는 뭔가에 노출되었을 때 겪는 심각한 감정적 고통으로 나타난다. 우리 셋 모두 아직도 생생하고 고통스러운 전투의 기억이 남아 있으며 꿈속에도 여전히 자주 나타나기는 하지만 이들 기억이 우리에게 감정적 고통을 불러일으키지는 않아서 기억 소거를 해야 할 수준까지 이르지 않은 것으로 보인다.

외상후스트레스장애에 대한 최종 진단 여부는 이러한 증상들의 일부 또는 모든 증상이 임상적으로 발현되는가, 그렇다면 어떤 양상으로 발현되는가에 따라 달라진다. 다시 말해 증상이 삶을 분명하게 훼손하는가에 달린 것이다. 우리 셋은 자신에 대해 비판적인 상태이기는 해도 이런 임상 기준을 뒷받침할 정도까지는 아니다. 셋 모두 행복한 결혼 생활을 하고 있으며 직업적 성공과 가정 생활을 잘 이어 왔다고 여겨진다. 그러므로 유발이 추정하기에 우리 셋 다 분명히 충격적인 외상 사건에 노출되었고 유혈과 폭력이 난무하는 세부 사항에 대해 지울 수 없는 기억이 남아 있기는 해도, 외상후스트레스장애를 앓았거나 현재 앓고 있는 사람은 없었다. 왜일까? 이 질문에 답하기 위해 우리는 감정적 기억의 뇌 구조를 들여다보아야 한다. 즉 감정, 특히 부정적 양상을 띠는 감정이 어떻게 기억 연결망의 일부로 자리 잡는지 살펴보아야 하는 것이다.

"코드 레드!" 편도체의 경고

우리는 뇌가 새로운 기억을 어떻게 형성하는지, 아울러 여러 가지 감각 요소가 결합하여 어떻게 하나의 기억이 되는지 이미 살펴보았다. 말하자면 이 과정은 각 감각 요소가 각기 다른 피질 경로에서 처리되어 최종적으로 서로 다른 중앙 허브에 부호화되는 과정, 그리고 피질의 중앙 허브들이 해마와 연결되고 이후 기억이 형성되는 동안 해마가 이 중앙 허브들을 결합하여 하나의 기억 연결망으로 통합하는 과정이었다. 다음번에 당신이 아는 사람을 우연히 만나게 되면 기억이 떠오르는 수순에 주목해 보라. 상대를 보자마자 당신은 돌멩이 하나를 물속에 던진 것 같은 인식의 순간을 거쳐, 관련 허브들의 연결망이 다시 활성화되면서 잔물결이 점점 퍼져 가는 것을 느낄 수 있을 것이다. 사람의 이름뿐 아니라 더 넓은 망으로 이어진 관련 세부 감각들도 떠오른다. 이때 기억에 감정의 색깔이 입혀지는 것을 주목하라. 그 사람과의 이전 경험이 부정적이었다면 특히 강렬하고 즉각적인 채색이 이루어질 것이다. 때로는 감정 요소가 아주 강렬한 형광 색깔을 띠고 기억과 아주 강하게 연결된 탓에, 많은 세부 감각이 다시 생생해지고 완전히 뚜렷해지기도 전에 그 감정부터 다시 경험하는 일도 있다.

감정적 기억, 특히 부정적인 감정 기억은 우리가 세상에 적응해 살아가도록 도와주는 분명한 이점이 있다. 우리가 사는 복잡한 세상은 "온갖 꽃이 만발하고 벌이 윙윙거리는" 곳이다. 이 표현은 미국 심리학의 아버지 윌리엄 제임스가 처음 사용한 것으로, 아기가 자신에게 들어오는 엄청나게 많은 감각 정보를 처리하기 시작할 때 경험하게 되는 혼란을 나타낸 것이다. 그러나 온갖 꽃이 만발하는 세상에는 가시가 있고 벌은 윙윙거리며 쏜다. 우리가 생존하기 위해서는 이 사람이 친구인지 적인지, 이 상황이 도주의 공포를 일으키는 상황인지 아닌지 기억해 내야 한다. 물리적 폭력이 그다지 심각하지 않은 세상, 목숨이 경각에 달려 있지 않은 세상에서는 여전히 기억의 감정 요소들이 사회적 생존에 도움을 주며 중학생 이상이라면 누구든 이를 증언해 줄 것이다.

그러므로 위험 감지는 우리가 살아가는 데 필요한 기본 토대이며 살아 있는 모든 것은 정교한 내부 보안 체계에 연결된 매우 민감한 위험 감지기를 내장하고 있다. 포유류의 뇌는 '시상하부–뇌하수체–부신 축'에 의해 자극되는 독창적인 보안 체계를 진화시켰다. 위험 감지기가 울리면 뇌간 깊숙이 위치한 시상하부가 뇌하수체를 자극하여 혈액 속으로 화학물질을 내보내며, 이 화학물질이 부신에서 코르티솔과 아드레날린 등 호르몬이 분비되도록 한다. 이들 '스트레스' 호르몬이 분비되면 우리 몸은 적색경보 상태에 들어가고 보안 체계에 신호를 보내어, 맞서 싸우거나 물러설지, 혹은 그 중간에 있는 전략적 자세를 취할지 태세를 갖춘다. 이들 스트레스 호르몬을 가장 잘 받아들이는 뇌 부위가 편도체다. 해마와 마찬가지로 편도체도 우리 뇌에 두 개 있으며 아몬드처럼 생긴 이 구조는 피질 바로 아래 있다(그래서 '피질하 영역'이라고 한다). 인지한 위험에 대처하는 과정에서 실질적으로 신경계의 '중앙 사령부' 역할을 하는 편도체는 뇌 전체를 포괄하는 광범위한 연결 패턴을 이용하여 관련 정보를 통합한다. 또한 시상하부–뇌하수체–부신 축으로 다시 연결되는 과정까지 우리의 보안 체계를 구성하는 많은 부문을 감독하고 조율하고 동원한다. 이러한 중대한 폐쇄 회로를 확립함으로써 편도체는 필요한 때 경계 신호를 증폭해 "코드 레드! 코드 레드!" 하는 경고음과 함께 극심한 공포를 촉발한다.

피질의 중앙 허브들이 사실에 입각한 정보를 처리하거나 부호화한다면, 편도체는 감정 정보를 처리하고 부호화하는 피질하 중앙 허브라 할 수 있다.[1] 피질 허브와 마찬가지로 피질하 중앙 허브도 우리의 기억 교사인 해마와 연결되어 있다. 그래서 피질하의 감정 정보는 피질에 있는 사실 정보와 통합되어 새로운 기억으로 형성된다. 이처럼 편도체는 우리 기억에 담긴 물품, 시간, 장소 등 단조로운 사실에 감정의 색깔을 입힌다. 그중에서도 편도체의 감정 팔레트를 가장 강렬하게 경험하는 순간은 불행, 공포, 분노, 고통의 스프레이 페인트로 우리의 기억을 색칠할 때인 것으로 밝혀졌다. "행복은 흰색으로 표현된다"라는 격언은 기분 좋은 행복이 멜로드라마처럼 강렬한 색깔을 띠지 않는다는 의미를 담고 있는데, 이는 우리 뇌에도 해당하는 말이다.

보퍼트성을 점령하고 나서 몇 달 뒤에 우리 군 장군들은 죽은

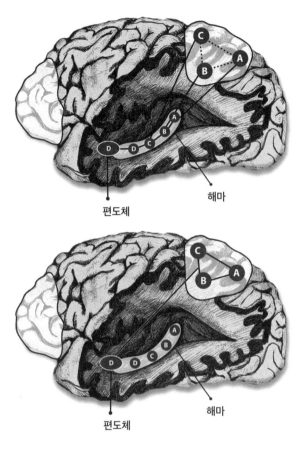

편도체

해마

편도체

해마

감정 기억과 편도체. 해마의 훈련이 진행되는 중(위),
훈련이 끝난 뒤(아래).

전우들의 가족을 위해 전투 현장 방문을 추진하기로 결정했다. 짐
작하건대 아마도 기념행사의 한 순서로 계획되었을 것이다. 그러
나 이제 되돌아보니 떠나간 사람의 어린 형제자매까지 참여하여
여전히 피로 더럽혀진 전투 현장으로 가기 위해 위험한 국경을 넘

어 적군 영토로 들어가는 가족 방문은 잘못된 결정이었던 것 같다. 전쟁으로 지친 나라에서는 이런 유형의 잘못된 결정이 드문 일도 아니었다. 이들 나라 사람들의 정신 속에는 전투가 깊이 뿌리박혀 있고 모든 세대가 전쟁을 경험했거나, 혹은 경험할 거라고 예상할 수 있었기 때문이다.

우리는 전쟁 현장의 땅을 평화롭게 거닐었다. 이제는 그렇게 불길해 보이지 않는 중세의 성이었으며 원래 그랬던 것처럼 또다시 역사적인 관광 명소가 되어 있었다. 전쟁의 북소리가 들리지 않는, 대낮의 햇빛 속에서 바라본 참호는 마치 메마른 관개 수로처럼 보였다. 따뜻한 동풍이 리타니강에서 불어왔고 건조한 여름철을 지난 뒤라 주변 관목숲에는 흙먼지가 앉아 있었다. 우리는 가족들의 물음에 정중하게 답변했다. 그들은 질문을 하지 않는 것이 죽은 사람에 대한 기억을 더럽히는 일이라도 되는 듯이, 혹은 왠지 무관심으로 해석되기라도 한다는 듯이 낯설게도 격식을 갖춰 질문했다. 우리는 정성껏 답했지만 모든 것을 다 말하지는 않았다. 우리는 몇 가지 세부 사항은 말하지 않은 채 남겨 두는 것이 최선이라고 암묵적으로 동의한 상태였다.

우리는 해마와 편도체가 격렬한 감정으로 머리를 뜨겁게 달구었던 바로 그 장소를 불과 몇 달 만에 다시 찾아왔다. 그 저주받은 밤 동안 부호화되었던 기억 연결망이 완전히 다시 활성화되었을 것이다. 조금 불안하고 위장을 쥐어짜는 듯한 느낌이 있기는 했지만 그럼에도 우리는 되살아나는 기억에 온몸이 굳지도 않았고 극도의 불안감 증상도 전혀 보이지 않았다. 분명 정상적 망각의 효과가 이미 나타나고 있었다.

똑같은 일을 겪었는데 왜 나만 이럴까?

졸업 앨범을 뒤적거리면서 학창 시절 당신을 괴롭히던 못된 아이 사진을 찾아보라. 당신의 감정 반응은 여전히 부정적이지만 그래도 시간이 흐르면서 누그러졌을 것이다. 1장에서 설명한 정상적 망각의 심리 과정이 이로운 효과를 발휘한 것이다. 이런 정상적 망각 과정에 결함이 생기면 공포증이나 그 밖에 외상후스트레스 장애 같은 불안 장애 등 정신병이 생길 수 있다. 이러한 장애에서는 기억 연결망의 전면적인 영향력이 다시 활성화되면서 정상 생활을 할 수 없도록 고조된 감정 반응을 일으킨다. 십 년이나 지났는데도 학창 시절 못된 아이의 사진이 아직도 그 시절 학교 운동장에서 느꼈던 것과 똑같은, 아니 적어도 비슷한 감정 반응을 일으켜 당신이 또다시 공포의 전면적인 영향력을 경험한다고 가정해 보라. 아니, 어쩌면 사진을 보면서 언젠가 당신이 맞서 싸우던 그날 느꼈던 폭력이 다시 살아나고 격렬한 분노로 인해 그때만큼이나 지금도 명확한 사고 능력이 가로막힌다고 가정해 보라.

일종의 뇌 기계학자라고 할 수 있는 나 같은 임상의는 이제 이런 일이 벌어질 때 뇌의 어느 곳이 문제인지 물음을 던질 수 있다. 기억 연결망 전체가 과잉 반응 상태일 가능성이 있다. 못된 아이의 얼굴, 이름, 시간, 장소를 저장한 중앙 허브들과 함께, 이런 기억에 투쟁 혹은 도주의 강렬한 형광 색깔을 입힌 피질하 허브까지 과잉 반응 상태를 보인 것이다. 아니, 어쩌면 이들 허브 중 몇몇이 그 후로 지금까지 내내 과도하게 연결되어 있었을 수도 있다. 심지어 우리는 이러한 정신 병증의 해부학적 근원으로 해마를 고려할 수도 있다. 통상적으로 십 년이 지난 기억을 떠올리는 데는 해마가 필요하지 않지만 이러한 '과잉 기억'의 정신 병증에서는 해마가 비정상적·만성적으로 계속 과잉 활성 상태로 남아 기억 연결망을 과도하게 작동했을 수도 있기 때문이다.

최근의 뇌 기능 영상 연구에서는 공포증이든 외상 사건이든 개별 세부 사항이 각기 달라도, 손상된 감정적 망각의 해부학적 근원은 일반적으로 피질하 허브, 즉 만성적으로 과잉 활성화되고 과잉 반응하는 편도체에 있다는 사실이 드러났다.[2] 나는 연락이 끊긴 몇몇 전우가 외상후스트레스장애일지도 모르는 증상으로 고생했다는 이야기를 들었다. 이는 흥미로운 물음을 제기한다. 똑같은 외상 사건을 겪었는데 왜 어떤 이는 외상후스트레스장애가 생기고 어떤 이는 그렇지 않은가 하는 점이다. 비슷한 환경적 위험에 노출되었는데도 사람 간에 질병의 차이가 생기는 요인은 여러 가지가 있다. 흡연과 심장병 문제를 생각해 보라. 외상후스트레스장애도 마찬가지다. 세포 수준에서 볼 때 외상후스트레스장애의 병리를 간단히 정리하면 편도체 뉴런의 기능 장애라고 할 수 있으며, 이때 편도체 뉴런은 만성적으로 과민하고 과잉 반응하는 모습을 보인다. 1장에서 설명한 메커니즘과 마찬가지로 편도체 뉴런도 시냅스 가소성을 지니며 가지돌기가시가 커진다. 이 가지돌기가시가 크고 촘촘할수록 뉴런은 외부 자극에 더 강하게 반응한다. 왜 편도체 뉴런 중 어떤 것은 가지돌기가시의 병적 성장을 보이고 어떤 것은 그렇지 않은가? 한 가지 설명은, 편도체 뉴런이 비정상적으로 높은 수준의 적색경보 신호 자극을 반복해서 받았다는 것이다. 이는 가지돌기가시의 성장을 증진하고 결국 일정 한계에 도달하도록 하는데 여기에 이르면 뉴런이 만성적으로 과민한 병적 상태로 영구히 변해 버린다. 신경학에서는 더러 이를 가리켜 강직성 반응이라고 한다.

외상후스트레스장애를 치료하는 일반적인 접근 방식은 정상적 망각의 메커니즘을 이용하여 편도체를 다시 프로그래밍하고 정상적인 활동 상태로 바꿔 놓는 것이다.[3] 이것이 노출 치료의 논리인데, 불안을 일으키는 자극에 반복 노출하되 더 온화한 환경에서 진행하여 정상적 망각의 메커니즘을 활성화하고 만성적인 과민 상태를 중단한다. 단순 노출로 충분하지 않다면 외상성 기억이 편도체를 계속 자극하는 다른 강렬한 감정적 기억과 얽혀 있을지도 모르므로 이를 심층 심리 치료로 풀어낼 수도 있다. 인지 행동 치료 역시 환자가 감정 단서를 종종 잘못 해석하거나 과장하는 잘못된 사고 패턴을 의식하도록 도와줌으로써 효과를 발휘할 수 있다. 이들 정교한 심리 치료 방법을 다루는 의사라면 세포 수준의 환원주의적 해석에 반대할지도 모르지만, 사실 이 모든 해결책은 기억의 해로운 요소를 없애고 기억이 울리는 경보를 잠재워 강직성 뉴런의 긴장을 풀어 주도록 설계되어 있다. 그러한 행동 치료와 함께, 필요한 경우에는 편도체의 활동성을 약화하는 것으로 알려진 약물을 쓰기도 하며 이를 통해 정상적 망각이 더욱더 활성화될 수 있다.

나를 비롯한 몇몇 전우들에게 외상후스트레스장애가 생기지 않은 이유에 대해 함께 논의하는 동안, 유발은 우리가 전투 직후 부대 본거지로 돌아와 함께 모여 지내면서 '연기'를 하며 하루하루 제대일을 기다린 그 격렬했던 몇 달의 기간에 특별한 관심을 보였다. 이 시기 동안 우리가 외상후스트레스장애에 맞서도록 예방 주사를 놓아 준 뭔가가 있었던 것일까? 유발은 아마도 그럴 가능성이 있다고 보았다. 술은 편도체 활동성을 떨어뜨리는 것으로 알려져 있는데, 유발은 술을 전혀 마시지 않던 우리 뇌가 갑자기 알코올에 노출된 점에 주목했다. 몇 가지 명확한 이유에서 알코올의 다량 섭취는 임상적으로 권하지 않지만 전투에서 막 돌아와 특히 취약했던 이 기간 동안 우리 중 몇몇에게는 알코올이 도움을 주었을 것이다. 현재 연구자들은 통제된 임상 환경에서 먹을 경우에 외상후스트레스장애를 제어하는 데 도움이 될 수도 있는 다른 약물들, 가령 MDMA(엑스터시)나 심지어는 LSD까지도 대상에 포함하여 시험하는 중이다.[4]

그 당시 우리 중에 이런 약물을 섭취한 사람은 없었지만, 마리화나(대마초)를 이용하기 시작한 이들은 있었다. 대마초에는 흥미로운 화학물질 집단이 들어 있으며 테트라히드로칸나비놀(THC)과 칸나비디올(CBD)이 주된 성분을 이룬다. 뇌에는 테트라히드로칸나비놀과 결합하는 특정 수용체가 있는데 이 성분이 흡수되면 편도체를 자극한다. 때때로 대마초와 함께 경험하는 공포와 불안은 편도체까지 전달될 수 있으며 그곳에는 이들 수용체가 고농도로 집중된 부분들이 점점이 박혀 있을 가능성이 크다. 칸나비디올에 대한 수용체는 없지만, 이것이 편도체 활동성을 떨어뜨리는 것으로 알려진 다른 수용체들을 결합한다.[5] 그러므로 테트라히드로칸나비놀에는 덜 민감하면서 칸나비디올에는 더 민감한 몇몇 전우에게는 대마초 흡연이 도움이 되었을 것이다.

아울러 유발은 우리가 상연했던 매우 우스꽝스러운 촌극에도 관심을 보였다. 나는 우리가 여러 가지 소도구를 이용하여 어떻게 병적인 주제를 재현했는지 그에게 말했다. 그중 한 소도구는 손쉽게도 우리 기지 바로 바깥의 공군 헬리콥터 착륙장에서 획득한 것으로, 우리는 이를 익살맞게 '야간 급습'이라고 불렀다. 기지가 대부분 잠들어 있었을 때 우리는 몰래 착륙장에 접근하여 계양

대의 국기를 가져왔다. 그 게양대는 당시 미 국방장관 캐스퍼 와인버거의 즉석 방문이 있을지 모른다고 예상하여 급히 설치한 것이었다. 다음 날에 우리는 미국 국기와 이스라엘 국기를 이용하여 두 국가의 장례식을 상연했다. 우리는 레이건 행정부가 이스라엘을 너무 안이하게 대한다고 인식했으며 그로 인해 잘못된 판단으로 보이는 전쟁을 실행하게 되었음을 풍자하려는 의도에서 촌극을 만들었다. 그에 관해 세세한 사실을 설명하는 나의 목소리에 스스로 귀 기울이고 있자니, 이제 이 촌극은 풍자적이라기보다는 유치해 보인다는 생각이 문득 들었다. 그러나 유발에게 중요한 것은 우리가 세련된 것이든 미숙한 것이든 유머를 보였다는 점이다. 그는 아마도 촌극이 노출 치료와 같은 기능을 했을 것이라고 설명했다. 기억에 담긴 감정 요소를 반복해서 연기하는 동안에 우리는 이것들을 유머로 씻어 내고 거기 배어 있던 핏빛을 지울 수 있었던 것이다.[6]

사람들과 어울리고 삶에 유머를 더하라

유발의 견해에서 볼 때 가장 중요한 것은 우리가 전투 직후 몇 달 동안 강한 형제애와 공동체적 환경에서 함께 지냈다는 점이다.[7] 말 그대로 함께 싸운 친구였다. 병사들이 외상후스트레스장애 증상을 보일 가장 큰 위험 요인 중 하나는 분명 외상 사건 이후 혼자 외롭게 지내면서 아무 사회 조직의 보호도 받지 못하고 매섭게 내리치는 불행과 두려움과 공포의 고리에 그대로 노출되는 것이다. 여기에도 편도체와 연결되는 흥미로운 신경생물학적 상호 관련성이 있을지 모른다. 당시 우리가 서로에게 형제애를 느꼈다는 것에는 아무 의심의 여지가 없는데, 이렇게 사랑하는 사람들과 상호작용하면 신체에서 옥시토신이 분비된다. 편도체는 독특하게 모든 종류의 감정 신호를 받아들이는 뇌 조직이며 옥시토신 수용체가 매우 많이 있다. 옥시토신이 이들 수용체를 결합하면 편도체 활동성은 떨어진다. 옥시토신이 사랑하는 사람들과 강한 사회적 유대를 맺게 해 준다고 알려진 이유 중 하나가 이것이다.

감정적 망각은 정신 병증의 위험을 줄여 줄 뿐 아니라 고통과 괴로움, 분노, 심지어는 모든 대인 관계에서 자잘하게 쌓여 곪아 가는 것들의 감옥에서 자유롭게 벗어날 수 있도록 해 준다. 부부 환자를 대상으로 하는 상담치료사들이 내게 전해 준 바에 따르면 가장 행복한 삶의 동반자들조차 감정적으로 잊게 도와주는 알약의 도움을 이따금 받으며, 실제로 금지 약물이 되기 전까지 한동안 엑스터시를 처방한 치료사들도 있었다.

더 범위를 넓혀 보면 정상적인 감정적 망각은 우리 모두 동의하는, 저 추하고 비생산적이며 사람을 화나게 하는 성격 특성들의 굴레에서도 벗어나게 해 준다. 말하자면 원한, 앙심, 악의, 복수심, 심지어는 (내가 가장 싫어하는) 의로운 분노 등 편도체의 치명적 죄로 분류할 수 있는 특성들 말이다. 우리 중 누구든 저런 죄의 영역으로 들어설 때면 편도체의 기어는 과부하로 웅웅거리고 털털댈 것이라고 나는 확신한다.

마지막으로 가장 숭고한 점은 감정적 망각을 통해 자유로워지는 과정에서 비로소 용서가 가능해진다는 것이다. 용서한다고 해서 자신을 화나게 했던 사건을 실제로 잊는 것은 아니며 그래서도 안 된다. 그러나 용서하기 위해서는 부글거리는 분노를 내려놓아야 한다. 잊어버리는 사람이 누릴 수 있는 가장 고귀한 이점이다.

우리는 온전한 정신을 갖기 위해, 전반적으로 행복한 삶을 위해, 가족과 친구를 위해 감정적으로 충분히 잊고자 노력해야 한다는 점을 명심해야 한다. 말하기는 쉬워도 실행하기는 어렵다는 것을 나는 안다. 기분 전환용 약물이 편도체의 긴장을 풀어 주고 그 안에 내재된 경직의 성향을 누그러뜨려 준다고 해도 의사인 나로서는 이런 약물 사용을 공식적으로 추천할 수는 없다. 그러나 상담사든 그저 친구끼리의 대화든 모든 종류의 대화 치료는 추천할 수 있다. 몇 가지 거친 성향을 떨쳐 버리지 못하는, 골든 이스라엘인이 못 되는 사람으로서, 또 약리학적으로 치료해야 한다고 주입받은 신경과 의사로서, 또 때로는 터무니없을 만큼 많은 것을 분자 단위로 환원하려고 하는 신경과학자로서 나는 이제 우리가 선천적으로 타고난 감정적 망각 능력을 더욱 향상할 수 있는 더 간단하고 더 우아한 방법들을 알고 있다. 사람들과 어울리고, 삶에 유머를 더하고, 아픔을 누그러뜨리는 사랑의 빛으로 삶이 빛날 수 있도록 늘, 늘 노력할 것.

※후기

이 장을 쓰는 동안 나는 몇 가지 전시 기억을 이야기하기 위해 전우들의 허락을 받아야 했을 뿐 아니라 사실 확인을 위해서도 그들의 기억이 필요했다. 기억 연구자로서 나는 우리 기억의 형태가 끊임없이 바뀐다는 것, 오랜 시간을 지나는 동안에 창의적인 정신이 과거를 추상화하고, 비틀고, 심지어는 왜곡하기도 한다는 것을 너무도 잘 알고 있다. 향수의 함정에 익숙한 나는 우리의 정신이 과거를 보관하는 방식이 개인 역사의 박물관보다는 기억 예술의 갤러리에 가깝다는 것을 안다. 그래서 나는 나의 전시 기억을 친구들을 통해 다시 확인했다. 이 과정에서 그들 중 한 명이 "아, 그런데 말이야"라고 말을 꺼내면서 혹시 증거가 필요하면 자신이 미국 국기, 그러니까 우리가 헬리콥터 착륙장에서 빼돌린 그 국기를 갖고 있다고 알려 주었다. 이 친구는 신앙심 깊은 이스라엘 키부츠 중 한 곳에서 태어나 자랐지만 제대하고 나서 몇 년 뒤에 조국을 떠났다. 이제 세속화된 유대인으로 갖가지 특이한 일을 하며 디아스포라로서 떠돌다가 마침내 뉴욕에 정착하여 가족을 부양하고 있으며, 기쁘게도 현재 맨해튼에서 나랑 몇 블록 떨어지지 않은 곳에 살고 있었다.

"분명히 짚고 가자고." 나는 놀라서 다시 물었다. "그러니까 넌 우리가 아직 군에 있던 어느 주말 휴가 때 이 국기를 집으로 가져가기로 했고, 심지어 조국을 떠나 이곳저곳 옮겨 다니는 동안에도 몇 안 되는 물건들 속에 이 국기를 갖고 다녔단 말이지?"

"그럼." 그가 짧게 대답했다. 여기저기 돌아다니며 사는 내내 당연히 지니고 다닐 만큼 가치 있는 보물이라도 된다는 듯한 말투였다. 실제로 그랬을 것이라고 나는 짐작했다.

군대 삼총사 중 한 명이었던 또 다른 친구는 아직 이스라엘에 살고 있는데 한 달가량 뒤에 미국 방문 계획이 잡혀 있었다. 그도 국기가 안전하게 보관되어 있다는 것을 알고는 나 못지않게 놀랐다. 그 친구가 미국을 방문했을 때 어느 저녁 우리 셋은 내 아파트에서 만났다. 우리는 갈색 가방에 조심스럽게 접어 놓은 국기를 꺼내어 내 집 주방 탁자 위에 펼쳤다. 셋이 함께 이 국기를 보았던 것이 한평생 전의 일 같았다. 내 아파트에서 펼쳐진 장면 속에는 어느 다큐멘터리 필름의 극적 결말을 위한 모든 재료가 마련되어 있었다. 기록 검색을 통해 뭔가 놀라운 것, 정신이 번쩍 들 만한 뭔가가 밝혀지는 순간이었다.

그러나 실제로는 이 특별한 기념품을 접했을 때 피식 김새는 반응이 나왔다. 어쩌면 국기란 것이 본질적으로 일반 물품이기 때문이었을 수도 있고, 기념품이 종종 연상 능력을 무력화해 버린다는 교훈이었을 수도 있다. 기억의 모든 요소가 충분한 불쏘시개가 되는 것은 아니기 때문이다. 그날 저녁 우리는 억지로 기억을 회상할 때 흔히 느끼는 실망을 경험했다. 부푼 기대감을 안고 동창회에 참석했을 때나 최근에 발견한 사진 앨범을 꼼꼼하게 살피면서 잃어버린 시간을 찾아보고자 할 때 흔히 경험하는 것과 같은 실망스러운 결말이었다. 때로 기억은 그냥 내버려 둔 채로 우리 머릿속 갤러리에 담긴 모습일 때 가장 멋지다.

그러나 우리는 아주 오래전에는 왜인지 알아채지 못했던 뭔가를 깨달았다. 분명 국기는 손으로 바느질하여 급하게 만든 것 같았다. 바느질은 여기저기 매듭이 드러나 마무리가 부실했고 줄무늬 부분을 급하게 붙였는지 맨 아래 빨간 줄을 제대로 맞추지 않아 흰색 리넨 천이 드러나 있었다. 캐스퍼 와인버거의 방문은 즉석에서 결정된 사항이었으니, 필시 그가 도착하기 전날 밤에 불쌍한 몇몇 병사들이 아무 사전 준비 없이 달려들어 이 국기를 바느질했을 것이라는 생각이 들었다. 국기는 그 일이 실제로 일어났다는 증거를 제공하긴 했지만 소중한 기념품이라기보다 오히려 의도하지 않은 민속 예술품처럼 보였다.

그 후로 전시 기억을 이야기할 때면 우리가 국기를 다시 보게 된 일도 언제나 가장 먼저 떠오르는 주제 중 하나가 되었다. 아니, 오히려 이 경험 덕분에 우리가 처음에 겪었던 사건의 고통이 점점 깎여 나가면서 우리의 기억 형태는 더욱더 바뀌었다.

Chapter 4

분노와 공포

　앞서 우리는 공포와 기억이 얼마나 밀접하게 얽혀 있는지, 심리적 건강을 유지하기 위해 감정적 망각이 얼마나 중요한지 살펴보았다. 감정적 기억을 더 분석하기 위해, 그리고 감정적 망각이 일반적으로 더 이롭다는 것을 살펴보기 위해 사촌 C와 B의 사례를 살펴보자.

　C는 아주 영리하지만 이보다 확실하게 두드러지는 특징은 무자비한 냉혹함이라고 다들 동의했다. 어린 시절 C는 결코 싸움 앞에서 물러서는 법이 없었다. 가슴이 딱 벌어지고 걸걸한 목소리를 지닌 성인이 되면서부터는 늘 권위에 도전했는데, 노련한 외교관의 교묘한 말솜씨를 보이는 것이 아니라 살벌한 분노를 드러내곤 했다. 지위에 집착하고 결코 노는 법이 없는 그는 사회의 최고

위치까지 빠르게 올라갔으며 이는 남자다움을 거칠게 과시하며 약자를 괴롭힌 데 따른 보상이었다. 상냥하지도 않고 사랑스럽지도 않지만 그럼에도 그는 여러 여성에게서 자식을 얻어 아버지가 되었다. 가족 내에서는 엄격하고 냉혹하게 규율을 강조하는 것으로 평판이 나 있지만 그가 속한 사회 집단 바깥의 외부 세력에게는 아주 쉽게 분노를 드러낸다. 그는 수치심을 모르는 외국인혐오자이다. 서로 만나는 일은 없지만 분명 C는 사촌 B를 비웃을 것이다. B의 상냥한 성격과 사교적인 생활 방식을 C는 결코 존중할 수 없으며 거의 인정하지 않을 것이다.

B는 항상 느긋하고 관대하며 금방 용서하고 행복한 위안을 준다. B는 친구와 외부인 모두에게 똑같이 공감했다. 공동체가 조화를 이루는 한 그는 사회 위계 구조에 대해, 혹은 지도자가 여성인지 남성인지에 대해 별 신경을 쓰지 않는 것처럼 보였다. B의 상냥한 태도는 일터에서도 그대로 이어지지만 그는 일만큼 놀이와 낭만에도 시간을 쏟는다.

대다수 사람은 이렇게 정반대되는 성격 유형을 자신이 아는 사람들 속에서, 아니 적어도 소설 인물들 속에서라도 발견할 수 있을 것이다. 그러나 C는 사실 집단의 지배자가 아니며 B 역시 깨어 있는 인도주의자가 아니다. C는 침팬지, B는 보노보다.

당신의 뇌는 침팬지인가, 보노보인가

동물학의 생명의 나무tree of life는 분류학자들이 동물을 외적 또는 내적 모습이 아니라 DNA를 기반으로 분류하기 시작한 1970년대 새로 바뀌었다. 그렇다고 해도 겉모습은 중요하며 유전자에 부호화되어 있는 청사진을 일정 부분 반영하므로 과거의 분류 체계 중 많은 부분이 옳았던 것으로 밝혀졌다. 한편 새로운 분류법에서 가장 놀라운 충격을 안겨 준 것은 인간과 관련된 내용이었는데 비단 우리만 관심을 끌었던 것은 아니다. 우리는 새로운 분류법에서 동물 왕국의 군주 지위를 빼앗기고, 우리와 가장 가까운 살아 있는 사촌인 침팬지, 보노보와 함께 왕좌를 나눠야 했다. 이들 사촌은 우리와 99퍼센트의 유전자를 공유할 뿐 아니라 수백만 년 동안 함께 살았고, 호모 사피엔스가 침팬지 속에서 갈라져 나간 이후 다시 두 종으로 갈라졌다. 우리 세 종은 아주 밀접한 연관성을 지니고 있어서 어떤 이들은 우리 모두를 침팬지 속이든 호모 속이든 하나의 같은 속으로 다시 분류해야 한다고 주장하기도 했다.

그렇다 보니 우리가 두 사촌 중 어느 쪽과 더 가까울까 하는 궁금증이 들 수 있다. 얼굴 구조나 두 다리로 걸어 다니는 모습은 보노보와 조금 더 비슷하다. 아직 갈 길이 멀기는 하지만 그래도 가족, 씨족, 사회 내에서 우리의 지도력은 보노보처럼 모계 중심적일 수 있다. 그러나 성격은 환경의 영향을 많이 받으므로 우리의 사회적 기질을 측정하기는 훨씬 힘들다. 가령 야생에서 자란 보노보는 비록 침팬지만큼 무자비하시는 않아도 가두어 기른 보노보보다 훨씬 공격적이다. 비슷한 서식 환경에서 자란 침팬지와 비교할 때 보노보는 선천적으로 훨씬 이타적이고, 동정심이 많고, 공감을 잘하고, 친절하고, 관대하다. 어린 시절 놀기 좋아하던 성향을 어른이 되어서도 유지하며, 영장류 동물학자 프란스 더발이 묘사한 많은 설명으로 미루어 볼 때 보노보는 전쟁보다 성관계에 더 몰두한다.[1] 종합해 보자면 이런 친절한 행위들은 전반적으로 사회를 이롭게 하는 것으로 여겨져서 사회과학자들은 이를 '친사회적' 행위라고 일컫는다.

솔직해 보자. 이런 극단적인 성격 중 당신을 가장 잘 설명해 주는 것은 어느 쪽인가? C와 B의 이야기를 지어 내는 방식에서 분명 나는 당신에게 편견을 심어 주었다. 사실 어느 쪽으로도 판단해서는 안 된다. C와 B의 행동은 그들이 사는 환경의 진화적 압력에 따라 적절하게 형성된 것이기 때문이다. 그러나 당신이 C에 대해 비판적이라고 해도 당신 중 많은 수가 사회적·경제적 혹은 경력의 사다리를 올라가기를 원한다고 가정해야 공정하다. 설령 도덕적 가르침을 받았더라도 당신 중 몇몇은 더러 다른 이의 등을 밟고 지금의 지위에 올랐을지도 모른다. 처음엔 B에게 호감을 느꼈을지라도 당신 중 대다수가 이제껏 한 번도 살의를 느낄 정도의 분노를 경험한 적 없을 만큼 화를 잘 진정했을지는 미심쩍다. 반면에 우리 중 가장 냉혹한 사람이라도 사회 활동을 즐기며 놀고 사랑하기를 원한다. 이렇듯 실제로 우리의 사회적 기질은 타고난 것이든 어린 시절의 경험으로 형성된 것이든 침팬지와 보노보를 적당히 섞어 놓은 모습이다.

그러나 몹시 실망스럽게도 당신이 생각과는 달리 침팬지 쪽으로 기울어져 있다고 가정하자. 당신은 분노 문제를 갖고 있거나, 이따금 차갑게 행동하거나, 어두운 인간 혐오를 몇 차례씩 앓기도 한다. 당신을 가장 괴롭히는 것은 외로움이며, 다른 사람과 관계를 맺거나 무조건 사랑하기가 힘들다. 사회생활이 개선되기를 바라면서 당신의 기질을 밝게 해 보려면 어떻게 해야 할까? 신경과학자라면 사회적 기질을 관장하는 뇌 구조를 먼저 이해해 보라고 대답할 것이다. 이는 변화의 레버를 당길 수 있는 가장 확실하고 안전한 방법을 알기 위한 전제 조건이다.

첫 번째 단계는 사회적 기질과 연결된 뇌 영역이 어디인지 확인하는 과정일 것이다. 비정상적인 성격 장애가 아니라 정상 범위의 성격 차이에 초점을 맞추고 싶다면, 침팬지와 보노보가 각기 반사회적 행동에 보상을 주는 환경과 친사회적 행동에 보상을 주는 정반대 환경에서 서로 떨어져 자란 진화적 쌍둥이라고 간주하고 좀 더 자세히 살펴볼 수 있다. 2012년 연구자들이 침팬지와 보노보의 뇌를 대규모로 비교하는 MRI 연구를 마침내 완성했는데 그 결과는 놀라웠다.[2] 침팬지와 보노보는 겉모습의 해부 구조를 보거나 여러 가지 행동을 관찰하는 것으로 쉽게 구분할 수 있으므로,

내가 그랬듯이 당신도 둘의 내부 신경 해부 구조를 쉽게 구분할 수 있다고 예상할 것이다. 어쨌든 포유류의 뇌에는 수백 개나 되는 부위와 구조가 있기 때문이다. 그러나 사실은 그렇지 않았다. 내 예상과 달리 침팬지와 보노보의 뇌에서 확실한 차이가 나타난 부위는 몇 개 되지 않았으며 모두 사회적 행위와 연결되는 곳들이었다.

가장 두드러지게 차이를 보인 구조는 편도체였다. 당시 침팬지와 보노보의 뇌를 현미경으로 살펴보면서 MRI 결과를 다시 확인하기도 했는데 이 결과가 너무도 뚜렷해서 연구자들은 편도체가 사회적 기질과 연결된 핵심 구조일지 모른다고 결론 내렸다. 정상적 기질과의 연관성을 보여 주는 데 매우 중요한 의미를 지니는 이들 연구는, 반사회적 성격 장애의 원인이 편도체에 있을 것이라고 암시했던 인간 환자에 대한 연구 결과와도 일치한다.[3]

그리하여 우리는 외부 세계의 위험에 대한 반응을 기록하고 조율하는 뇌의 중앙 사령부 편도체로 다시 돌아간다. 편도체는 두려운 일을 기억하거나 잊음으로써 경험을 통해 이러한 위험 관리 기능을 수행하도록 배우는 뇌 구조다. 앞서 살펴보았듯이 편도체의 망각 메커니즘은 정신적 외상을 초래할 만큼 충격적인 공포 기억의 몇 가지 양상을 잊도록 도와주어, 외상후스트레스장애 환자에게서 나타나는 분노나 심지어는 이따금 폭력까지도 포함한 반사회적 행위를 막아 준다.

정신 병증을 일으키는 매우 충격적인 공포 기억뿐 아니라 몇 가지 일상적인 공포 기억을 잊는다고 해서 더 상냥한 기질을 가질 수 있을지 의아하게 여겨질 법하다. 그러므로 이러한 결론으로 넘어가기 전에 우리는 더 많은 것을 알아야 한다. 우선 공포 기억이 우리가 지닌 분노처럼 침팬지와 닮은 인간 혐오의 특징과 연관이 있는지, 그렇다면 어떤 연관이 있는지 이해해야 한다. 이보다 더 중요하게는 아무리 그럴듯하게 보이는 가정이라도 이를 입증하기 위해 아주 평범한 공포 기억의 망각을 어떻게 유도하는지 알아야 하며, 이러한 망각이 어떤 이유인지는 몰라도 정상적인 사회적 기질을 개선한다는 것을 보여 주어야 한다.

경직, 도피, 또는 투쟁

이 모든 것을 명확히 하기 위해 우리는 편도체에 관한 이야기를 전부 말할 필요가 있다. 편도체가 어떻게 발견되었고 어떤 기능을 하는지, 또 우리는 어떻게 공포의 망각을 유도하게 되었는지 이야기해야 한다.

앞 장에서 보았듯이 우리 대다수가 어린 시절의 못된 아이를 쉽게 기억할 수 있는 것은 부정적으로 채색된 기억을 형성하려고 편도체가 너무도 두드러지게 애썼기 때문이다. 그 못된 아이가 어떤 반응을 불러왔을지 생각해 보라. 당신은 그를 보기만 해도 가던 길을 딱 멈춰 섰을지 모른다. 그도 당신을 발견했다면 아마 당신은 얼른 뭔가 수를 써서 그와 마주하는 일을 피하려고 했을 것이다. 이따금, 아니 마지막으로 딱 한 번 당신은 분노가 치솟아 더는 견디지 못하고 반격을 가했을지도 모른다.

이 모든 반응은 투쟁-도피 반응fight-or-flight response의 일부이다. 머릿속에 잘 남는 이 한 쌍의 용어는 한 세기도 더 전에 내과 의사이자 과학자인 월터 브래드포드 캐넌이 처음 도입한 것이다. 그후 세 번째로 '경직freeze'이라는 용어가 덧붙여졌고 우리가 보이는 공포 반응의 일반적 순서에 따라 이들 세 용어의 순서가 다시 조정되었다. 우리 대다수는 두려울 때 먼저 몸이 경직되고 그다음에 도피하기로 결정한다. 공포로 가득한 이 두 가지 반응이 오로지 부정적 결과만 낳는 방안이라고 여겨질 때 우리는 분노에 휩싸여 맞서 싸울 각오를 한다. 투쟁-도피 반응이라는 개념은 과학계를 뜨겁게 달구며 크게 유행했는데 두 단어의 발음이 머릿속에 잘 박혀서 그랬다기보다는['파이트-플라이트'로 발음이 비슷하다-옮긴이] 그 안에 깊은 생물학적 의미가 담겨 있었기 때문이다. 캐넌은 공포와 분노가 서로 다른 감정임에도 우리 몸에 같은 영향을 미칠 수 있다는 것을 보여 주었으며, 이처럼 생리적 반응이 똑같다는 근거로 매우 급진적인 가정으로 나아갔다. 공포와 분노가 겉으로는 아무리 다르게 보여도 이 두 감정이 같은 해부학적 근원에서 나왔을 것이며 경직·투쟁·도피가 행동상으로는 달라도 이런 행동을 불러오는 내부 동력이 똑같을 것이라고 가정했다.

캐넌은 1906년부터 1942년까지 하버드 의과대학 생리학과 과장을 역임했다. 의대생 시절, 그는 위장 계통에 관심을 갖게 되어 엑스레이 기술을 이용하여 처음으로 신체 기능의 동영상을 만든 사람 중 한 명이었다. 그는 피실험자가 식사를 마친 직후에 재빨리 찍은 일련의 위장 엑스레이 사진을 한데 묶어 위장 연동운동, 즉 위장 근육이 리듬 있게 움직이며 음식물을 아래로 내려보내는 운동의 동영상을 만들었다.[4] 이후 20세기가 시작될 때 종신 재직 교수가 되어 직업 안정성이 생기자 당시에는 생물학자에게 경력 파괴로 여겨질 법한 주제에 덤벼 보기로 했다. 대개는 심리학 연구자의 몫으로 남아 있던 저 불명확한 정신 상태, 즉 감정을 연구하기로 한 것이다.[5]

그는 감정이 위장 연동운동에 영향을 미칠 수 있음을 깨달았다. 가장 큰 공포를 느낀 피실험자 몇몇의 연동운동이 공포로 굳어버리는 것처럼 보였기 때문이다. 당신이 스트레스를 받을 때 복부 팽만감이나 식욕 부진을 경험한 적 있다면, 공포로 인해 어떻게 내장 근육이 굳고 위장 운동이 멈추는지 경험한 것이다.

또한 그는 소화에 필요한 분비 작용도 공포 때문에 멈출 수 있음을 알아냈다. 예를 들어 대중 앞에서 연설하기 직전에 입술이 바싹바싹 마르고 하얗게 질렸던 경험을 생각해 보라. 이런 공포 반응은 그야말로 저절로 일어나며 스스로 제어하기 어려워서 최초의 거짓말 탐지기로 알려진 도구 중 하나에 이를 이용하기도 했다. 고대 인도에서는 범죄 용의자로 보이는 사람들을 불러 모아 쌀 한 숟가락을 씹어서 나뭇잎에 뱉어 보라고 했다. 뱉은 쌀의 상태가 가장 말라 있는 사람이 두려움에 떠는 범죄자로 지목되었다.

캐넌의 천재성은 자신이 가장 잘 아는 신체 반응에 초점을 맞춤으로써 다양한 감정 상태가 우리 신체에 미치는 영향을 정확하게 실험할 방법을 설계했다는 데 있다.[6] 부신에서 분비되는 아드레날린은 당시 발견된 지 얼마 되지 않았으며, 최초로 화학적 특징이 밝혀진 호르몬이었다. (내분비샘에서 분비되어 반응을 불러일으키거나 흥분시키는 화학물질을 지칭하기 위해 1905년에 '호르몬'이라는 단어가 만들어졌다. 어원은 'hormē'라는 라틴어인데 의도적으로 이 장과의 연관성을 찾으려 한 것은 아니지만 '폭력적 행동'이라는 의미를 지닌다.) 캐넌이 아직 살아 있는 위장 근육 조각을 접시에 놓고 아드레날린을 뿌리자, 마치 스트레스로 위장 연동운동이 느려질 때처럼 근육 경직이 생겼다. 이런 관찰을 통해, 적어도 아드레날린은 감정에 따라 위장 연동운동이 조절되도록 만드는 호르몬 중 하나라는 것을 규명했을 뿐 아니라 실험 접시에서 감정의 영향을 연구하는 실험 방법론을 이끌어 냈다.

개에게 잠시 노출되어 공포를 느끼는 고양이와, 느긋하게 쉬고 있던 고양이의 혈액을 표본 채취하여 실험했을 때, 공포를 느낀 고양이의 혈액에만 위장 근육이 경직되는 반응을 보였다. 그러나 공포가 분노로 바뀌어 고양이가 식식거리고 이빨을 보이며 발톱을 드러내는 전투 태세로 들어간 뒤에 표본 채취한 혈액으로 똑같이 일련의 연구를 진행했을 때 정말 놀라운 일이 벌어졌다. 분노가 작용한 혈액과 공포가 작용한 혈액이 똑같은 반응, 즉 위장 근육의 경직을 일으킨 것이다. 여기서 더 나아가 캐넌은 두 혈액 샘플에 들어 있는 성분이 가령 혈류량 증가나 포도당의 에너지 생산 등 진화적으로 의미 있어 보이는 같은 범위의 다른 신체 반응도 조절한다는 것을 입증했다. 공포를 불러일으킨 대상이 무엇이든 투쟁하거나 도피해야 하는 상황에서 우리는 이러한 반응을 보이며 대처할 준비를 한다.

캐넌과 그를 따르는 연구자들은 투쟁-도피 반응을 조절하는 신경 해부 구조가 같을 것이라고 상상했다. 20세기 전반부 동안 이 반응의 근원을 찾기 위한 탐험은 뇌의 아랫부분까지밖에 진행되지 못했다. 이곳은 시상하부가 있는 뇌간으로, 시상하부는 우리 내부의 위험 감지 체계인 시상하부-뇌하수체-부신 축의 일부를 담당한다. 예를 들어 시상하부에서는 또 다른 호르몬인 코르티솔의 분비를 조절하는데, 이는 분노나 공포를 느낄 때 많이 분비되는 호르몬이다. 코르티솔은 투쟁-도피 반응 동안에 우리 몸의 복잡한 반응을 지휘하는 과정에서 아드레날린보다 중심적인 역할을 하는 것으로 밝혀졌다. 그러므로 시상하부는 우리 몸에서 투쟁 또는 도피를 조절하는 화학물질 칵테일인 아드레날린과 코르티솔의 분비를 조절한다고 할 수 있다.

그렇다면 시상하부가 위험 관리를 총괄하는 뇌의 중앙 사령부일까? 그럴 가능성은 없어 보인다. 발달 수준이 낮은 뇌간의 뉴런은 잠재적으로 위험한 신호를 감지하는 데 필요한 외부 세계의 감각 입력을 받아들이지도 못하며 실제로 신호가 얼마나 위험한지 판단하는 복잡한 연산 활동도 하지 못한다. 그리하여 공포 및 분노와 연관된 뇌의 근원을 밝히기 위한 탐험은 북쪽으로, 즉 발달 수준이 높은 뇌 부위 쪽으로 향하게 되었다.

공포와 분노는 감정의 쌍둥이

이와 비슷한 시기에 연구자들은 현실에서 일어난 사고나 실험 설계로 인해 편도체에 병소가 생기면 공포에 대한 반응이 없어지며, 경직도 투쟁도 도피도 없다는 것을 발견했다. 그 뒤로 몇십 년에 걸쳐, 위험 감지와 관련된 뇌 부위가 거의 모두 편도체로 수렴되며 편도체의 출력이 시상하부를 비롯하여 공포가 표현되도록 하는 다른 뇌간 부위들과 직접 연결된다는 것도 밝혀졌다. 그리하여 1970년대에는 편도체가 뇌에서 위험 관리를 담당하는 중앙 사령부라는 사실이 분명해졌다.[7] 그럼에도 편도체가 이 역할에서 정확히 어떤 기능을 하는지 이해하는 일은 여전히 화날 만큼 어려운 과제로 남아 있었다. 해부학적 연구에서 밝힌 바에 따르면 편도체는 개별 핵들이 모여 있는 군도와 같았다. 외부에서 들어오는 정보를 받아들이는 것들이 있는가 하면 반응을 보일 만한 자극이 어떤 것인지 판단하는 것들도 있고, 또 경직·투쟁·도피의 반응을 시작하도록 뇌간에 명령을 전달하는 것들도 있었다.

각 핵들의 기능, 그리고 편도체 전체의 기능을 알아내기 위한 연구들이 있었지만 혼란스럽고 일관성도 없었다. 당신이 이케아에서 들고 온 상자의 내용물, 가령 서랍장 조립 부품을 바닥에 쏟아 놓았다고 상상해 보라. 이제 서랍장을 설명서도 없이 조립해야 한다. 충분한 시간(그리고 인내심)이 있다면 아마 각 부품이 무엇인지, 어떻게 조립해야 하는지 알아낼 수 있을 것이다. 그러나 이는 당신이 가구가 안정적인지 서랍이 열리는지 등의 궁극적인 기능을 쉽게 알 수 있고, 가구는 시행착오를 겪으며 조립했다가 분해했다가 다시 조립하기가 비교적 쉽기 때문에 가능하다.

1980년대 과학자들이 설치류를 대상으로 한 공포 측정에서 의견 일치를 보여 공포 반응을 세밀하고 확실하게 통제할 수 있게 되면서부터, 편도체 연구는 내부의 작용 구조를 밝히는 방향으로 나아가기 시작했다.[8] 실험실 환경에서 투쟁이나 도피를 측정하기는 힘들지만 이와 달리 첫 반응, 즉 경직 반응은 공포를 알아내는 근거로 훨씬 유용하다는 사실이 밝혀졌다. 연구자들은 경직 반응을 통제하기 위해 동물이 중립적 자극과 해로운 자극 사이에서 기억을 형성하도록, 그리하여 중립적 자극으로도 충분히 경직 반응을 일으키도록 하는 실험 방법을 개발했다. 이른바 '공포 조건화'로 일컬어지는 이 과정은 학창 시절 당신에게도 일어났을 수 있다. 못된 아이가 당신에게 상처 주는 행동을 하는 순간에 그 아이의 얼굴과 행동이 짝을 이루고, 그 결과로 당신의 공포 반응이 그의 얼굴과 연결되면서 공포 조건화가 이루어진다. 그러면 이제 그의 얼굴을 보기만 해도 당신은 주머니쥐처럼 얼어붙었을 가능성이 높다. 아니면 캐넌의 주장처럼 위장이 뒤틀리고 식욕을 잃었을지도 모른다.

여러 실험실에서 이러한 실험 방법을 사용하자 편도체의 개별 핵이 어떻게 연결되는지 도표가 만들어졌고 이를 통해 편도체 핵이 각기 무엇을 하는지 알게 되었다. 위험 감지와 위험 분석에 관여하는 핵이 있는가 하면 경직·투쟁·도피 반응을 촉발하는 핵도 있었다. 뇌에서 공포와 분노의 중앙 엔진 역할을 하는 해부학적 근원이 있을 것이라는 견해를 캐넌이 내놓은 지 거의 한 세기가 지나고 나서, 이들 연구를 통해 그의 가정이 타당성을 지니게 되었다. 더욱이 이들 연구에서는 편도체라는 엔진이 어떻게 조립되어 있는지 설계도도 제시해 주었다.

처음부터 그런 의도로 시작한 것은 아니었지만 연구 방법론을 통해 편도체와 공포 기억에 대해 많은 것을 알게 되었다. 예를 들어 이제 우리는 공포 기억이 편도체에서 형성되고 저장된다는 것을 알고 있으며, 공포 기억이 많을수록 편도체가 더 활성화된다는 것도 알고 있다. 겨우 2000년대 초에야 완성된 최신 연구에서 공포 기억이 저장되는 특정 편도체 핵을 확인했으며, 이 과정이 정확히 어떻게 이루어지는지도 알아냈다.[9] 그리하여 마침내 나는 그 옛날 학창 시절에 당신의 편도체에서 무슨 일이 벌어졌는지 말해줄 수 있게 되었다.

못된 아이에 대한 두려운 기억은 당신의 편도체에서 각기 다른 핵이 받아들인 입력 정보가 한데 모이는 일정한 시간 동안에 형성된다. 그 아이의 얼굴을 부호화하는 시각 피질로부터 정보를 받은 어떤 편도체 핵이 하나의 입력 정보를 보내고, 그 아이의 행동으로 인한 고통을 부호화하는 뇌 영역들이 또 다른 입력 정보를 보낸다. 이렇게 입력 정보들이 해마의 도움을 받아 동시에 한데 모이면 공포 기억이 저장되는 편도체 핵의 기억 도구상자가 활성화되고, 그 결과로 이 편도체 핵의 가지돌기가시가 많아지며 안정화된다. 이제 학교 운동장 건너편에서 못된 아이를 보기만 해도 당신의 편도체는 과잉 활성화 상태가 되고 이로 인해 뇌간에서 공포 반응이 시작되어 당신은 경직되거나, 도피하거나, 심지어 어느 날엔가는 맞서 싸우며 공포가 분노로 바뀌기도 한다.

침팬지의 편도체가 보노보의 편도체보다 훨씬 크다는 MRI 상의 발견은 이러한 가지돌기가시의 성장으로 설명될 수 있다. 심리학에서는 공포의 심리 상태가 분노의 심리 상태로 바뀔 수 있다는 것을 입증했으며, 사회학에서는 공포와 분노가 동전의 양면 같으며 한 사람에게서 다른 사람으로 전염될 수 있음을 보여 주었다. 한 사람의 분노가 다른 사람에게 공포를 불러일으키고, 이 공포가 분노로 바뀌면 다시 맨 처음 사람에게 공포를 불러일으키는 식으로 영원한 악순환에 빠진다. 안타깝게도 우리 중 많은 사람이 이런 섬뜩한 순환과 참담한 사회적 영향을 겪고 있는데, 관계가 어그러져 교전 중인, 우리가 알지도 모르는 부부나 가족에게서 볼 수 있다.

상처를 입고 나서 새로운 조직이 자라면 흉터가 생긴다. 이로 미루어 볼 때 침팬지의 편도체가 커다란 것은 아마도 지속적인 공포와 분노의 상태로 살면서 생긴 뇌의 감정적 흉터의 결과라고 볼 수 있다. 침팬지의 뇌 부위들 가운데 편도체가 보노보의 것과 가장 많이 다르다는 사실은 그야말로 침팬지 사회가 얼마나 냉혹하고 용서 없는 곳인지, 그리고 약간의 의인화를 해 보면 침팬지가 얼마나 많은 고통을 겪고 얼마나 많은 수치심을 견뎠을지 보여 주는 증거가 된다. 우리는 보노보를 닮으려고 할 수밖에 없고, 분노에 차 있는 외로운 침팬지 지도자뿐 아니라 그 밑에서 겁먹고 두려워하는 아랫것들에게도 동정심을 느낄 수밖에 없다.

캐넌은 진화생물학을 자신의 독창적인 체계 속에 통합하여, 공포와 분노라는 감정의 쌍둥이가 한 개체의 획득 형질일 뿐 아니라 진화적 적응 및 자연 선택을 통해 한 종 내에서도 획득 형질이 된다고 주장한다. 찰스 다윈이 말했듯이 이러한 형질은 "진화 과정에서 무수한 상처를 통해 생겨난다". 한 개인이 어릴 적에 대한 어떤 기억을 지녔는가에 따라 더 공포를 느끼는 것처럼, 하나의 종도 특히 무섭고 위험한 환경에 놓이면 더 많은 공포를 느끼도록 진화할 것이다.

우리가 다시 보노보처럼 될 수 있게, 그리고 그들이 지닌 남다른 친사회적 형질, 예를 들어 이타주의, 연민, 공감, 친절, 아량, 유희, 사랑스러움, 심지어는 섹시함을 되찾을 수 있게 해 주는 것은 무엇일까? 이처럼 '여러 가지 형질이 포함된 증상'이 나타나는 경우, 자연은 종종 한 가지 핵심 형질을 선택하며 그 외의 다른 형질들은 일괄 선택으로 함께 딸려 온다. 진화생물학자들이 내놓은 설득력 있는 주장에 따르면 침팬지의 핵심적인 적응 형질은 공포인 반면, 보노보의 핵심적인 적응 형질은 반대로 '두려움 없음'이다.[10] 어떤 개체가 공포와 분노를 많이 느끼는 성향의 사회적 기질을 지녔다면 이타심, 연민, 공감, 친절, 아량, 유희의 성향을 보일 가능성이 작다는 의미가 된다. 사회적 기질에서 나타나는 이런 공포의 차이가 핵심 동력이 되어 그 밖의 반사회적 또는 친사회적 형질을 불러오는데 개별 성격은 해당 종이 살아가는 서로 다른 환경에 더욱 적합하도록 형성된다. 예를 들어 더 크고 힘센 고릴라와 한정된 자원을 놓고 경쟁해야 하는 침팬지는 보노보에 비해 훨씬 거친 환경에서 살아간다.

공포가 본질적인 형질이며 이와 함께 따라오는 사회적 형질을 공포로 설명할 수 있다는 주장의 전형적인 예 중 하나가 개의 행동이다. 자연의 우연한 사고로 인간 정착지에 접근할 만큼 용기를 지니게 된 늑대가 음식 쓰레기라는 풍부한 식량 자원의 혜택을 누리게 되면서 갈라져 나온 것이 최초의 개라는 추측이 대체로 통용되는 견해이다. 두려움을 모르는 이런 핵심 형질이 바탕이 되어, 그 밖에 우리가 개와 연관 짓는 모든 다정한 형질들이 나타났다. 이런 진화 과정을 재현하기 위한 한 장기 연구에서 연구자들은 두려움에 가득 차 있고 공격성이 덜한 여우를 선택해 이들이 번식하도록 했고, 이 과정을 스무 세대 이상에 걸쳐 반복했다.[11] 최종적으로 나온 자손은 조상들에 비해 공포와 공격성이 약해졌을 뿐 아니라 이 외에도 개와 같은 다양한 친사회적 형질을 보였다. 자기 무리에 속하는 여우뿐 아니라 다른 여우들, 심지어는 다른 종의 동물과도 더 가깝고 친밀한 사회적 유대를 형성했다. 다시 말해 이 여우들에게는 '낯선 존재에 대한 공포'(외국인 혐오)라는 끔찍한 병증이 없었다. 이들의 기질은 더 유희적이며 대체로 삶을 더 즐기는 것처럼 보였고 심지어는 꼬리를 흔들기도 했다. 비록 사후이지만 캐넌으로서는 기쁘게도 이들의 공포와 분노를 솟게 하던 호르몬의 폭우는 이슬비로 잦아들었다.

지난 십 년 동안 편도체에 관해 많은 것이 밝혀졌다. 편도체의 활동성 수준은 부분적으로 유전자에 의해 결정될 가능성도 있지만 공포 기억에 의해서도 강하게 달라진다는 것을 이제 우리는 알고 있다. 또 우리의 사회적 기질에 영향을 미칠 수 있는 감정인 공포와 분노의 해부학적 엔진이 편도체라는 것도 알고 있다. 그러므로 편도체의 긴장을 풀어 주면 성격이 개선될 수 있다는 가정은 꽤 신빙성이 있다.

공포 기억을 잊고 편도체의 긴장을 푸는 한 가지 방법은 1장에서 논의한 메커니즘을 바탕으로 한다. 편도체 뉴런에서 기억이 형성되고 저장되는 과정도 모든 뉴런에서 가지돌기가시의 성장을 유도하는 것과 똑같은 기억 도구상자에 의해 이루어진다. 모든 기억과 마찬가지로 공포 기억도 유연성을 지니며, 가지돌기가시의 축소를 일으키는 똑같은 망각 도구상자를 이용하여 그 형태를 바꿀 수 있다.

여전히 당신에게 많은 괴로움을 주는 못된 아이를 우연히 만났는데 그가 오랫동안 심리 치료를 받았거나 힌두교 아시람에서 몇 달간 영적 깨달음을 얻고자 수행한 뒤라고 상상해 보자. 그는 분노 문제를 극복했으며 엄밀히 말해 상냥한 사람까지는 아니더라도 적어도 호감을 주는 온화한 사람 정도는 되었다. 그가 변하고 나서 처음 만났을 때는 당신 편도체의 한 부분에 있는 전극이 높은 뉴런 활동성을 보일 것이다. 그러나 그를 여러 차례 반복해서 만나면 원래의 공포 기억을 저장하고 있던 가지돌기가시는 줄어들고 서서히 공포 망각 과정이 시작되면서 과잉 활동이 차츰 약해질 것이다.

노출 치료를 성공적으로 마친 환자들은 자신의 사회적 성향이 개선되었다고 전하지만 이러한 공포 망각의 과정은 며칠 정도의 시간이 필요하며, 지속적으로 경험하지 않는 경우에는 더 오래 걸리는 것으로 여겨진다. 이처럼 시간이 오래 지체되기 때문에 사회적 기질의 개선이 공포 망각 그 자체와 얼마나 강한 연관성을 지니는지 입증하기는 힘들다. 그 시간 동안에 다른 많은 요인이 환자의 행동을 개선하는 데 도움을 주었을지도 모르기 때문이다.

엑스터시보다 옥시토신

편도체의 내부 회로를 알아내기 위해 그처럼 지루하게 진행되었던 모든 연구 덕분에 이제 우리는 어떻게 하면 공포 망각을 빠르게 유도할 수 있는지 알게 되었다. 편도체를 하나의 엔진이라고 간주한다면 엔진 페달처럼 기능한다고 볼 수 있는 몇 가지 편도체 핵이 확인되었다. 어떤 편도체 핵은 브레이크처럼 기능하는데, 이 브레이크 페달을 효과적으로 눌러서 편도체의 활동성이 빠르게 둔화되도록 유도하는 약물들이 발견되었다. 반면에 액셀에 가까운 또 다른 편도체 핵도 있어서 약물로 이 페달을 완화하면 편도체의 속도를 줄일 수 있었다. 이러한 약물을 동물에게 주입했을 때역시 비슷한 효과를 발휘했다. 즉, 편도체의 활동성을 줄임으로써곧바로 신속한 공포 망각을 이끌어 냈다.

우리가 처방전을 통해서든 기분 전환용으로든 몇십 년 동안 먹어 왔던 많은 약물이 부분적으로 이러한 편도체 폐달을 누르거나 완화하는 작용을 하는 것으로 밝혀졌지만 우리는 이런 사실을 알지 못했다.[12] 우리 중 많은 사람이 잘 알아채지 못한 채로, 편도체 활동성의 감소로 인한 공포 망각과 함께 사회적 행복을 경험한 것이다. 당신이 술을 첫 잔 마셨을 때 다른 사람을 대하는 감정이 좋아지는 것을 알아챈 적이 있다면, 적은 양의 술로도 편도체 활동의 속도가 느려지는 것을 경험했을 가능성이 있다. 이는 벤조디아제핀(예를 들어 자낙스나 아티반)이나 비벤조디아제핀 유도제(예를 들어 앰비엔이나 루네스타) 같은 처방약을 복용한 사람들에게도 똑같이 해당한다. 이들 약물은 공포 기억으로 인한 불안이나 두려움을 줄여 주기 때문에 모두 항불안제로 분류된다. 다음에 술을 마시거나 이들 약물 중 한 가지를 먹게 될 때 어떤 기분인지 주의를 기울여 보라. 보노보와 침팬지를 구분 짓는 많은 친사회적 형질이 어렴풋이나마 느껴지는가? 물론 술과 항불안제는 뇌의 다른 부위에도 영향을 미칠 것이고 우리 각자의 민감성에 따라 다르겠지만 양이 늘어 갈수록 이러한 느낌은 점점 흐릿해질 것이다.

기분 전환용 약물인 MDMA(메틸렌디옥시메스암페타민)를 먹어 본 적 있다면 이러한 형질이 모두 합쳐진 느낌을 또렷하게 경험했을 가능성이 크다.[13] MDMA는 복잡한 약물이며 이 약의 화학적 특성 하나만으로 뇌에 미치는 영향을 직관적으로 이해하는 것은 불가능하다. 그러나 MDMA를 먹은 사람들의 증언은 한결같이 일치하며, 이 약물의 효과를 설명하는 묘사들은 보노보의 특징적인 친사회적 형질과 거의 똑같지는 않아도 많은 부분이 겹친다. 최근의 한 뇌 영상 연구에서는 MDMA의 특이한 신경약리 작용에 관한 단서를 제공한 바 있다. 이 약물은 뇌 활동을 줄이는 것으로 밝혀졌으며 이러한 효과가 가장 크게 나타난 부위가 편도체와 여기에 연결된 해마였다. 뇌의 공포 망각 패턴이라는 것이 있다면 아마 이러할 것이다. 이 약물의 사용자들이 가장 많이 한 묘사 중 하나가 '사랑'이라는 단어일 만큼 효과가 너무도 황홀하고 즐거워서, 이 약물은 흔히 엑스터시(ecstasy, 황홀경)라고 불린다.

그리하여 우리는 앞 장에서 그랬듯이 다시 편도체로, 다시 사랑으로 돌아왔다.[14] 편도체가 단지 기분 전환용이나 흥청망청 즐기는 쾌락용으로 이런 브레이크 체계를 진화시켰을 것 같지는 않다. 편도체의 억제 메커니즘이 지닌 진짜 목적이 무엇인지 알려 주는 단서들은 우리 뇌에서 저절로 생산되는 옥시토신에 있다.[15]

옥시토신은 20세기에 들어 과학계가 호르몬에 집착하던 무렵에 처음으로 특징이 밝혀졌다. 분만하는 동안 옥시토신이 급증하는데, 이때 자궁 근육을 이완하는 생리적 효과가 있었다. 또 수유 시에도 분비되어 젖의 생산을 촉진하는 것으로 드러났다. 그러나 분명 모성애란 단지 분만이나 수유에서 그치는 것이 아니라 그 이상이다. 전혀 감상적이지 않은 냉소적인 사람조차도 어머니의 사랑은 객관적 진실이라고 할 정도로 아주 명백하다고 수긍해야 할 것이다. 이렇게 옥시토신의 효과가 생리 작용에서 심리 작용으로 확대되면서, 다시 말해 이따금 출산을 돕기 위해 옥시토신을 사용하는 산부인과 병동에서 모성애까지 확대되면서 이 호르몬은 더욱 흥미로워진다.

이후 수십 년이 지나서야 옥시토신이 모성애의 심리 작용에서 담당하는 역할이 부각되기 시작했는데, 옥시토신을 인위적으로 주사하여 뇌의 옥시토신 수치를 조작하면 모성의 유대감에 영향을 미칠 수 있다는 사실이 밝혀지면서부터였다. 옥시토신이 많이 생산될수록 어머니와 아기의 유대감이 강해졌다. 아울러 그 밖에 사회적 유대의 많은 형태도 옥시토신에 민감하게 영향받는다는 것이 밝혀졌다. 부부 생활의 신성한 유대, 혹은 적어도 그 세속적 표현인 일부일처제도 옥시토신에 민감하게 영향받으며 이보다 훨씬 일시적인 사회적 유대 역시 마찬가지다. 사실 옥시토신은 인위적으로 주사할 필요가 없으며 뇌에서 생산되는 자연 옥시토신의 수치는 우리가 사회적으로, 성적으로 연결되는 활동을 하는 동안에 높이 올라간다. 옥시토신은 믿을 수 없을 만큼 단순한 화학물질로, 뇌간 핵에서 생산되며 그곳에서 다른 뇌 부위로 분비되기도 한다. 옥시토신이 가장 민감하게 작용하는 뇌 부위는 편도체로서, 앞서 말한 약물처럼 작용하여 편도체의 브레이크를 밟고 전반적인 활동성을 늦춘다.

모든 포유류는 모성의 사회적 유대를 기반으로 하며 가족과 공동체를 통해 사회적 유대를 형성함으로써 이점을 얻는다. 포유류의 뇌는 옥시토신을 생산하는 방향으로 진화해 왔다. 공포 기억이 우리의 반사회적 공포 반응을 불러일으키는 방향으로 작용한다면, 자연은 편도체 엔진에 브레이크 체계를 달아 사회적 유대 속에서 이루어지는 공포 망각을 통해 우리의 공포 기억을 상쇄했을 개연성이 있다.

　　과거로 돌아가 당신이 처음으로 유치원에 가던 날을 떠올려 보라. 아마 무척 신났을 테지만 분명 적어도 조금은 걱정이 있었을 것이다. 그런 상황에서 나타나는 첫 공포 반응으로 순간 몸이 굳거나 심지어는 도망치고 싶었을 것이다. 어쩌면 우리 중 몇몇은 스스로도 통제하지 못하는 채로 이런 공포가 공격성으로 바뀌어 나타났을지도 모른다. 어떠한 새로운 환경이든 잠재적으로 위험할 수 있으므로 이는 결코 신경증적인 것이 아니라 매우 정당한 반응이다. 새로운 사람들과 상호작용하는 과정에 숨어 있는 위험은 실제적인 것이며 특히 어린 마음에는 정말 겁나는 일이다. 물론 이러한 공포 반응이 위험을 최소화하는 데 도움을 주기는 한다. 하지만 뒤로 물러서거나 갑자기 공격을 가하는 식으로 우리의 신체적·심리적 안정을 꾀하기 때문에, 맨 첫 단계 상호작용에서부터 의미 있고 지속적인 우정을 쌓아 가는 일까지 모든 단계의 사회적 유대를 방해한다.

등교 첫날 얼마나 커다란 두려움을 느끼는가에 영향을 미치는 공포 기억은 유아기 때부터 형성되기 시작한다. 당신을 애지중지 아껴 주는 환경에서 자랐더라도 유치원에 들어갈 무렵이면 이미 어린 시절의 감정적 가시가 당신의 편도체에 감정 흔적을 남겼을 것이다. 공포를 기억하는 일은 우리 생존에 더할 나위 없이 중요하며 편도체는 두려운 사건을 기억하고 이를 계속 간직하도록 만들어졌다. 다행히 이러한 공포와 그에 대한 기억을 완화할 수 있는 브레이크 체계가 있어서 우리가 사회적 유대를 맺고 다져 갈 수 있을 만큼 이런 기억을 잊게 해 준다.

스트레스 호르몬이 두 명의 개인 사이에 공포와 분노가 악순환하는 하강 곡선을 촉발할 수 있듯이, 옥시토신은 두 사람이 춤을 추면서 행복감이 점점 커지는 것과 같은 상승 곡선을 촉발할 수 있다. 단순히 눈을 마주치는 것만으로도 옥시토신 분비의 상승 곡선이 나타날 수 있다. 이렇게 서로 눈을 마주 보는 소통은 인간과 개의 사회적 유대에서도 이루어진다. 최근 한 연구에 따르면 개와 인간이 서로 눈을 마주 볼 때 옥시토신 수치가 올라가고, 옥시토신을 인위적으로 주사하면 서로의 눈을 더 깊이 바라본다고 한다.[16] 당신도 개의 눈을 깊이 들여다보며 한번 시도해 보라. 그러면 곧바로 가슴 가득 퍼지는 다정한 마음을 느낄 것이며 이는 거의 확실하게 옥시토신 분비 및 편도체 긴장 완화와 관계가 있을 것이다. 이는 회복 효과로 반려견 치료 프로그램이 널리 인기를 끄는 이유를 설명해 준다.

이따금 옥시토신은 사랑 호르몬이라고도 불리는데 이는 지나친 환원주의이다. 옥시토신이 모성애에서 차지하는 역할 덕분에 처음 유명해진 것은 사실이지만 옥시토신에 민감한 모든 형태의 사회적 유대가 사랑을 의미하지는 않는다. 옥시토신에 의존하는 몇몇 감정이 이런 높은 수준의 사회적 유대로 이어지기는 하지만 모두 다 그런 것은 아니다. 아마 고맙게도 사랑은 불타는 듯한 강렬함을 지니기 때문일 것이다. 또 일부일처를 결혼의 모범이라고 여기는 사람이라면 더더욱 유의해야 한다. 친사회적 성격의 정수를 보여 주는 보노보는 다부다처이기 때문이다. 그러나 모든 사회적 유대, 특히 사랑의 바탕이 되는 상호 신뢰를 형성하려면 머리와 마음을 열고 삶의 사회적 위험에 우리 스스로를 노출하기 위해 어느 정도의 공포 망각이 필요하다.

심각한 충격을 몰고 오는 단 한 차례의 외상 사건도 우리 뇌에 손상을 입힘으로써 감정적 기억과 감정적 망각의 정상적 균형을 훼손하고 성격을 망가뜨릴 수 있다. 외상을 남긴 감정적 기억의 고통을 어느 정도 망각하면 몇몇 정신 병증을 예방하거나 치료하는 데 도움이 된다. 아울러 정상적인 삶의 경험도 비록 미묘하기는 하지만 우리가 친사회적 방향 또는 반사회적 방향으로 기우는 데 영향을 미칠 수 있다.

우리는 침팬지, 군중의 우두머리, 냉혹한 정치인, 학교 운동

장의 못된 아이에게서 나타나는 분노 가득한 기질을 병이라고 규정하는 경향이 있다. 정상적 특성이라도 극단으로 치우치면 일정 지점에서 선을 넘어 비정상이 될 수 있다. 예를 들어 슬픔이 병적 우울증으로 변하는 경우다. 문제는 정상과 비정상 사이의 어느 지점에 선을 긋는가이다. 공포를 기억하는 것은 명확한 목적이 있다. 침팬지를 편도체 과잉 활동이라고 진단하여 이를 치료한다면 분명 잘못된 일이다. 이런 기질은 거칠고 혼란스러운 서식 환경에 적합하기 때문이다. 한 인간의 상태를 병적이라고 여기거나 적어도 치료가 타당하다고 볼 만한 한 가지 기준이 있다면, 이런 상태로 인해 그 사람의 삶이 고통받는가 여부이다. 편도체가 모든 모욕과 모든 수치를 사진같이 정확히 기억해 지속적인 공포와 분노 속에서 살아가는 사나운 유형의 사람이라면 사회나 법체계가 판단할 수도 있다. 그러나 의사라면 원하는 사람에게만 진단과 치료를 제공해야 한다. 또한 현재의 정치 지형에서 내가 점점 자주 요청받고 있는 것처럼, 도덕적으로 비난받을 만한 사람을 "책상에 앉아 서류만으로 진단"하라는 요청을 받을 때는 저항해야 한다.

우리 가운데 어떤 이들은 운이 좋아 더없이 행복하게도 공포를 어느 정도 잊을 수 있고 연민을 느낄 포용력이 있으며 분노를 자제할 수 있다. 망각의 신경생물학은 이와 달리 망각하지 못하고 공포와 전율의 지독한 상태에서 살아가는 고통받는 영혼에게 동정심을 가져야 한다고 가르친다. 우리 대다수가 비록 완전히 잠재우지는 못해도 적어도 가끔은 공포 기억의 비명을 약하게 줄일 수 있다는 점에 감사해야 한다. 공포 망각이 가져다주는 이점이 없었다면 우리는 끔찍하게 외로운 삶을 살았을 것이다.

Chapter 5

창의성

　"글쎄요, 그랬을지도 모르지요." 그의 대답은 뜻을 헤아리기 힘들었다. 나는 살아 있는 미국 화가 중 가장 위대한 사람 가운데 한 명으로 꼽히는 재스퍼 존스와 함께 코네티컷에 있는 그의 집 식당에 앉아 있었다. 아내와 나는 뉴욕주 경계선 건너편에 농가 한 채가 있어서 재스퍼와 친하게 어울렸다. 뇌에 흥미가 많은 재스퍼는 적당한 기회가 있을 때마다 자주 나를 점심 식사에 초대했다. 우리는 그의 스튜디오를 둘러보기도 하고 시원하게 펼쳐진 시골 땅을 거닐기도 했으며 이런저런 잡담, 무엇보다 뇌 문제에 관한 이야기를 나누었다.

　그의 작품 중에는 국기나 숫자, 과녁 같은 일반 물체를 그린 것들이 가장 유명했는데 이런 까다로운 화가를 상대로 시각기관이 어떻게 시각 처리 경로에서 물체를 표상하는지 설명한다는 것은 드문 경험이었다. 나는 우선 시각기관이 단계별로 물체를 재구성하는 과정에 관해 설명했다. 첫 단계에서는 색깔과 윤곽을 재구성하고, 그다음 단계에서는 하위 피질 영역의 개별 구성 요소들을 재구성하며, 마지막 단계에서는 정보들이 중앙 허브의 상위 피질 영역에 한데 모여 서로 맞물리면서 통합된 전체를 재구성한다. 그리고 여러 피질 허브를 결합함으로써 평범한 물체가 다른 정보와 연결망을 이루는 과정, 감정이 피질하 허브와 결합함으로써 이런 감각의 그물망에 얽히는 과정을 설명했다.

재스퍼는 미군 복무를 마치고 나서 일 년이 지난 1954년 애국심이 드높았던 전후 시기에 국기 연작의 첫 작품을 그리기 시작했다. 나는 이스라엘군에 복무했던 당시, 국기에 담긴 애국주의적 연상에도 불구하고 국기를 풍자적으로 이용함으로써 감정적 망각을 빠르게 이루어 낼 수 있었던 과정을 그에게 들려주었다. 그리고 재스퍼에게도 국기가 개인적 행복을 위해서든 국가의 안녕을 위해서든 비슷한 효용을 지녔는지 물었다. 창작 과정에 관한 질문에 언급을 회피하는 것으로 유명한 그는 "글쎄요, 그랬을지도 모르지요"라는 애매한 대답만 내놓았다.

재스퍼는 말이 많다는 비난은 결코 받은 적이 없지만 예술 전반, 그리고 다른 사람들의 예술에 관해 이야기하는 것은 좋아했다. 그와 관련해 창의력과 망각을 주제로 한 두 가지 대화를 소개하려하는데, 하나는 병적 유형의 망각에 관한 것이고 다른 하나는 정상적 망각에 관한 것이다.

알츠하이머병에 걸린 추상주의 화가

재스퍼가 추상표현주의 화가 빌럼 더코닝과 그의 작품에 강한 친밀감을 처음 표현했을 때 나는 놀랐다. 내 미술사 지식을 바탕으로 할 때 팝아트의 선도자 재스퍼와 동시대 화가 로버트 라우션버그는 대체로 추상표현주의의 지배력을 끝낸 장본인으로 여겨졌기 때문이다. 더코닝은 재스퍼가 국기를 그리기 시작하기 2년 전에 자신의 원형적 작품이라 할 〈여인〉 연작의 첫 작품을 완성했다. 고작 2년의 간격이었지만 두 세계는 미술 양식이나 내용 면에서 완전히 달랐다. 나에게 가장 흥미로웠던 점은 물속에 던진 돌멩이 하나가 파문을 만들듯 이들 그림이 불러일으키는 연상도 완전히 달랐다는 것이다. 그다지 추상적이지 않은 묘사와 색채가 어지럽게 소용돌이치는 더코닝의 〈여자 Ⅰ〉은 너무도 표현적이라서 감정이 충만하게 차오르는 어머니나 연인의 개념들이 순간마다 어른거리는 연상을 불러일으키는 반면, 이차원적이고 믿을 수 없을 만큼 단순하게 표현된(자세히 보면 오일과 왁스가 복잡하게 섞여 있는 것이 드러나지만) 존스의 〈국기〉는 평범한 물체를 냉담하게 묘사함으로써 평범함과 반어적인 사회 비판 사이에 스치는 연상을 불러 일으킨다.

더코닝은 추상표현주의 화가 중 가장 오래 산 사람 가운데 한 명으로, 92세가 되던 1997년에 사망했다. 마지막 연작 작품들을 그리기 시작한 때가 1980년대였는데 이 당시 그는 이미 치매 증상을 보이고 있었다. 재스퍼는 더코닝의 치매 원인이 무엇인지 알고 싶어 했고 나는 우리가 나눈 대화와 공개적으로 구할 수 있는 정보를 바탕으로 의학 탐정 작업을 해 보겠다고 동의했다. 코르사코프 증후군[Korsakoff's syndrome, 건망증후군이라고도 불리며, 발생 원인은 장기간의 알코올중독, 뇌 영역 외상, 노인성 치매 등으로 다양하다-옮긴이]은 비타민 B_1 결핍이나 지나친 음주와도 종종 관련이 있는데 더코닝은 오랫동안 지나친 음주의 이력을 지니고 있어서(1970년대까지도 흥청망청 마시는 파티를 즐겼다) 이 가능성도 고려했다. 아울러 혈관 질환도 고려했는데 자잘하게 혈관이 막히는 뇌졸중이 인지 관련 영역에 생기면 치매가 발생할 수 있었기 때문이다.

1장에서 설명했듯이 일반적으로 혈액 검사를 통해 비타민 결핍증의 가능성을 배제할 수 있으며 혈관 질환은 MRI나 CT 촬영으로 배제할 수 있다. 나로서는 이런 임상 연구를 해 볼 수 없었지만 그를 진료했던 신경과 의사는 더코닝의 치매 원인이 알츠하이머병일 '개연성'이 있다고 진단했다. 임상의들, 특히 당시의 임상의들은 그 밖의 잠재적인 치매 원인을 배제하고 나서, 그리고 숨길 수 없는 인지 분석의 관점하에 알츠하이머병이 범인이라는 확신이 들 때 '개연성'이라는 용어를 사용했다. 예를 들어 다른 가능성을 배제하기 위한 검사 몇 가지에서 뇌졸중 증상을 보이는 등 양성 결과가 나오거나 인지 보고서가 잘 맞지 않아 확신이 들지 않을 때는 "그럴 가능성이 있다"고 한 단계 낮춰 진단한다. 디코닝의 지나친 음주 이력에 관해서는 많은 기록이 있고 충분히 평가했을 것이므로 아마도 적절한 혈액 검사와 MRI 촬영을 지시하여 음성 결과가 나왔을 것이라고 나는 추측했다.

나는 디코닝의 최종 진단이 나오기 몇 년 전에 그가 보인 행동에 관한 몇 가지 묘사를 바탕으로 알츠하이머병의 개연성을 정당화해 줄 두 번째 필요조건, 즉 인지 분석에 관한 정보를 얻을 수 있었다. 어느 의미 있는 일화에서는 디코닝이 얼마 전에 가까운 친구의 최근 그림을 보았으면서도 이를 기억하지 못한 반면, 그 친구의 오래된 그림은 정확하게 떠올릴 수 있었다고 했다.[1] 이는 제 기능을 하지 못하는 해마가 뭔가를 말해 주는 것이다. 더 생생하게 표현하면 해마가 "도와달라고 외치는" 것이다. 이 표현은 현대 의학의 창시자 중 한 명인 18세기 병리학자 조반니 모르가니가 사용했던 용어로, 그는 질병의 해부학적 근원을 알기 위해 귀 기울여 들어야 할 필요성을 처음으로 명확하게 밝혔다.

디코닝은 인지 능력이 점점 나빠져 친구와의 일화가 있은 지 대략 6년 뒤에 공식적으로 알츠하이머병 진단을 받았다. 알츠하이머병의 전형적인 해부학적 진행 경로는 처음에 해마에서 시작하여 이후 앞 장에서 설명한 바 있는 피질 허브 등 상위 피질 영역을 향해 점점 위쪽으로 이동해 간다. 최근 일을 기억하지 못하는 병적 망각 증상에 이어 다른 인지 능력까지 만성적으로 퇴화하면 이는 알츠하이머병의 전형적인 해부학적 진행 경로에서 이정표와 같은 것이다. 그러므로 알츠하이머병이 더코닝의 올바른 진단명이었을 개연성이 높다.

나의 결론을 재스퍼에게 알리면서 내가 탐정처럼 캐낸 임상 결론이 결코 공식 평가는 아니라는 경고를 덧붙였다. 재스퍼는 말이 많지는 않지만 대화에 능한 만만치 않은 사람이었다. 그는 점잖은 태도와 마음을 누그러뜨리는 남부 억양으로 몇 가지 단순하고 간결한 질문을 던져 근본적인 문제에 가 닿았다. "왜 확실성의 수준이 겨우 '개연성이 있다'는 정도였나요?"

나는 확실하게 알츠하이머병을 진단하려면 특히 그 시대에는 사후에 뇌를 현미경으로 관찰하는 과정이 필요했다고 설명했다. 이 과정에서 신경병리학자는 알츠하이머병의 결정적인 병리를 찾기 위해 얇게 자른 뇌 조각을 현미경 아래 놓고 관찰한다. 실 같은 단백질 조각들이 헝클어져 있는 지점을 찾는 것인데, 하나는 뉴런 안에서 발견되는 것으로 신경섬유매듭이라고 일컬어지며 다른 하나는 뉴런과 뉴런 사이에서 발견되는 것으로 아밀로이드판이라고 불린다. 재스퍼의 화실에 가 본 적 있는 나는 그가 방법과 과정, 다시 말해 시각 예술에서 재료 공학적 측면을 중시한다는 것을 알았고 이 문제에서도 기술적 세부 사항을 통찰할 것이라고 예상했다. 그래서 나는 뇌 조각이 아무리 얇아도 특별한 착색제로 처리하기 전까지는 여전히 병리가 보이지 않는다고 덧붙여 말했다. 착색제 처리를 하고 나서야 뇌 조각들이 현미경 아래에서 빛을 발하며 우리 눈에 분명하고 추한 모습을 드러낸다.

"왜 알츠하이머병이라고 불리나요?" 재스퍼가 내게 물었다. 나는 독일 신경병리학자 알로이스 알츠하이머의 이름을 따서 이 병명을 지었으며 1906년 그가 치매로 죽은 어느 환자의 이런 병리들을 처음으로 보고했다고 설명했다. 당시까지 치매는 진짜로 아픈 질병이라기보다 어느 정도 고의적인 사악함이나 도덕적 타락이 내포된 정신병의 일종으로 여겨졌다. 진정한 신경과 질병이 되기 위해서는 사후에 병리를 시각화하여 확인해야 했다. 20세기 초에 알츠하이머 박사는 눈에 보이지 않던 것을 시각화함으로써 치매가 신경과 질병이라는 것을 규명했을 뿐 아니라, 20세기 말에 질병 분야에서 이룩한 모든 의학적 발전의 기초를 마련했다.

"1906년 이전에도 이런 병리는 분명 존재했지요?" 재스퍼가 말했다. 물론 존재했다. 그러나 19세기 말이 되어서야 신경병리학자들은 원래 독일 직물 사업의 염색용으로 개발된 화학물질에 뇌 조각을 담그는 실험을 시작했다. 이 염색 물질 중 일부가 천뿐 아니라 알츠하이머병도 착색한 것으로 밝혀졌다. 이런 역사적 사실을 듣자 풍부한 표정이 담긴 재스퍼의 눈이 반짝거렸다. 병리학이라는 시각적 과학과 시각 예술이 만나는 교점이었다.

더코닝의 뇌에 대해서는 사후 판단 과정이 이루어지지 않았다. 오늘날에는 살아 있는 환자의 간접적 병리 증거를 알아낼 새로운 도구들이 있지만 당시에는 그렇지 못했다. 알츠하이머병의 이러한 '생체 지표'는 요추천자를 실시하여 측정하는데, 뇌척수액 속으로 뛴 신경섬유매듭이나 아밀로이드판의 조각을 살피거나 아니면 이들 병리를 안전하게 감싸고 빛나게 하는 방사성 착색제를 환자에게 주입하여 영상 카메라로 시각화할 수 있다. 그러나 당시에는 생체 지표도 찾지 못했고 부검도 없었다. 그럼에도 여러 가지 쌓인 증거로 볼 때 나는 더코닝에게 내려진 알츠하이머병 진단이 거의 확실하게 정확했다고 아무 문제 없이 결론 내렸다.

내가 걸리면 총으로 날 쏴

더코닝의 인지적 죽음에 관한 대화는 계속 이어졌고 재스퍼의 관심이 단지 학문적 차원에 머물지 않는다는 점이 점점 분명해졌다. 1995년 더코닝의 유산 집행자들이 재스퍼를 비롯하여 일군의 미술사가들을 불러 모아 1980년대에 완성된 더코닝의 마지막 연작에 대해 평가 작업을 의뢰했다. 더코닝이 알츠하이머병이었다는 진단을 알고 있는 전문가들에게 작품의 품질을 판단하도록 맡긴 것이다. 이들 연작이 나이 든 창작 천재의 마지막 스타일을 표현한 것이고 따라서 그의 마지막 창작 활동을 보여 준 정당한 작품이라고 간주할 것인지, 아니면 그의 질병으로 인해 심하게 훼손된 작품들이므로 예술 궤적 범위에서 제외하고 그의 유산이 훼손되지 않도록 대중 공개를 보류할 것인지 판단해야 했다. 이제는 내가 압축적으로 단순한 질문을 던질 차례였다. 알츠하이머병이 예술가의 창작 활동 능력을 손상할 수 있을까?

우리 신경과 의사들은 이런 종류의 질문들에 답하는 경우가 많은데 환자나 가족, 그리고 가장 거북한 경우로는 심지어 법정에서 알츠하이머병이 직업 수행에 영향을 미치는지 물을 때이다. 쉽게 확인할 수 있는 문제는 아니며 질병 단계에 따라 대답이 달라진다. 그러나 일반적인 직업에 종사하는 사람과 비교할 때 직업 화가의 경우는 훨씬 쉽게 대답을 찾을 수 있다.

알츠하이머병은 서서히 진행되는 질병이다. 병이 시작하는 장소는 알아내었지만 그 정확한 시점은 한 번도 기록된 적이 없다. 우리는 환자에게 치매가 나타나기까지 수십 년이 걸린다고 알고 있다. 수십 년에 걸쳐 대규모 집단의 사람을 추적함으로써 알츠하이머병이 '임상 전 단계', 즉 내후각피질이라고 불리는 해마 부위의 뉴런이 기능 이상을 보이기는 해도 아직은 아주 미묘한 양상을 띠는 단계에서 시작된다는 것을 밝혀냈다. 알츠하이머병에 걸린 사람은 가령 최근에 만난 사람의 이름을 떠올리는 데 어려움을 겪는 등 새로 배운 정보를 이따금 깜박깜박하는 증상을 알아차릴 수 있지만 이는 여전히 주관적이고 정식 기억 검사에서 확실하게 탐지되지 않는다.

오랜 시기에 걸쳐 병이 진행되면서 환자는 '조짐기'로 접어든다. 이 중간 단계에서도 여전히 병은 대체로 해마에 제한되지만 뉴런의 전반적인 죽음이 시작되어 기억 손상이 일관되게 알아볼 만큼 진행된다. 지난밤에 본 영화를 잊고, 지난주에 다녀온 저녁 파티를 잊는다. 이 시점부터 대개 5년이나 10년쯤 지나면 해마를 벗어나 상위 피질 부위, 즉 여러 허브가 복잡한 네트워크를 구성한, 다른 인지 능력의 중심지까지 병이 퍼진다. 치매 초기 국면에서 가장 두드러지게 증상이 나타나는 곳은 정보를 보관, 처리, 인출하는 피질 부위이다. 앞 장에서 설명한 바 있는 감각 처리 경로의 피질 허브들이 있는 곳이다. 이제 해마가 단지 뭔가를 '말해 주는' 것을 넘어서 환자는 확연한 병적 망각을 경험하기 시작한다. 젊은 시절의 일을 잊고, 친구의 이름을 잊고, 단어를 잊고, 여행 경로를 잊고, 집으로 돌아가는 길을 잊는다.

불행히도 병은 여기서 멈추지 않는다. 오랫동안 인지 영역에 머물던 병은 이후에 피질 전체로 퍼져 환자는 예전의 성격과 인간성을 상실한다. 그런 다음, 병은 피질 아래쪽 깊은 곳 뇌간에 뉴런이 단추 크기 정도로 무리를 이룬 뇌간 핵까지 번진다. 뇌간은 의식을 유지하고 수면, 식사, 호흡 등 기본 신체 기능을 수행하는 데 매우 중요하다. 알츠하이머병 진단이 내려져 환자와 가족이 두려움에 떨게 되는 것이 바로 이 마지막 단계다. 그러나 병에 걸린 기간의 대부분 동안 알츠하이머병은 정보를 처리하는 뇌 영역에 국한되어 있다.

"내가 걸리면 그냥 총으로 날 쏴." 사람들과 어울리는 자리에서 알츠하이머병에 관해 이야기할 때면 나는 이런 단언을 종종 듣는다. 처음에는 이것이 병의 마지막 단계를 알고 그에 대해 보이는 반응이라고 생각했다. 이는 안락사에 관한 윤리 논쟁까지 들어가지 않고도 충분히 옹호할 수 있는 반응이었다. 그러나 나는 이런 반응이 조짐기 및 치매 초기 국면에 대한 두려움에 더 가깝다는 것, 인지력 상실에 관한 것임을 깨닫게 되었다.

이제 나는 의사로서뿐 아니라 알츠하이머병 환자를 돌본 가족으로서도 이 병이 진행되는 긴 과정을 지켜보고 나니, 그러한 자살 언급이 얼마나 잘못된 것인지 알게 되었다. 환자와 가족이 겪는 고통을 과소평가하려는 것은 아니지만 조짐기나 심지어 치매 초기 국면에서 내 환자 중 어느 누구도 죽기를 원하지 않았다고 말해야 한다. 인지 능력의 많은 부분을 잃고도 여전히 다른 사람과 관계를 맺고 삶을 즐길 수 있다는 것이 밝혀졌다. 이런 사실이 아주 명확해 보이는 이들도 있다. 그러나 내 환자들을 지켜보면서 아무리 정보의 처리, 보관, 인출에 많은 중요성을 두는 시대라지만 우리가 기민한 연산 능력에 지나치게 많은 가치를 두는 경향이 있음을 깨닫게 되었다. 많은 인지 능력이 실은 우리의 존재에 그다지 중요하지 않다는 사실을 알지 못하는 것 같았다. 우리의 핵심적 성격 특징, 가족이나 친구와 어울리는 능력, 웃고 사랑하는 능력, 아름다운 것을 보고 감동하는 능력 면에서 볼 때 별로 중요하지 않은 인지 능력이 많다. 그러나 분명 대다수 직업, 특히 내가 가진 직업의 경우에는 인지 기능이 너무도 확실하게 중요하며 이 기능이 점차적으로 죽어 가면 대가가 따른다.

알츠하이머병 환자가 직업을 수행할 수 있는지 판단하기 위해 재스퍼와 함께 알츠하이머병의 각 단계를 살펴보기 시작하면서 나는 어느새 강의 모드로 바뀌어 있다는 것을 깨달았다. 그러나 더코닝이 마지막 연작을 그렸던 시기에 그의 질병이 어떤 단계였는지 정하고 이 질병이 작품 품질에 영향을 미쳤을지 판단하는 가장 어려운 논의 부분에 들어가자 다시 적절한 대화 모드로 돌아갔다.

우리는 1장에서 설명한 환자 H. M.처럼 노년기 화가의 해마가 제거되었다면 여전히 진정한 창의성을 발휘하여 작품을 그릴 수 있었을지 논의했다. 화가의 피질 시각 처리 경로는 처음부터 끝까지 전혀 손상되지 않았을 것이다. 아울러 시각을 담당하는 피질 허브가 다른 감각 양상 및 감정과 결합하여 형성하는 연관성도 손상되지 않았을 것이다. 해마 절제술을 실시하기 몇 달 전에 이 결합 과정이 이루어졌다면 손상은 생기지 않는다. 그러므로 우리는 화가가 알츠하이머병의 임상 전 단계와 조짐기에 있었다면 창작 과정이 그대로 이루어졌을 것이라고 결론 내렸다.

더코닝의 경우, 문제의 연작을 그렸던 1980년대에 알츠하이머병이 피질까지 번졌을 가능성이 있다는 것이 문제였다. 그는 1989년 알츠하이머병 치매로 정식 진단을 받았는데, 신경과 의사로서의 경험으로 볼 때 환자는 치매 진단을 받기 몇 년 전부터 치매 단계로 들어선다. 그러나 정확하게 단정하기는 힘들다. 알츠하이머병의 해부학적 진행 경로가 마치 외과적 제거 수술을 하듯 부위별로 하나씩 차례차례 이루어지는 것은 아니기 때문이다. 병의 단계가 제각기 구분되도록 경계가 있는 것도 아니며 조금씩 뒤섞여 있다. 일단 병이 새로운 부위로 차츰 번지고 나면 그곳에서 오랫동안 악화되면서 뉴런을 병들게 하다가 서서히 죽인다. 해부학적으로 볼 때 본질적으로 경계가 흐릿하기는 하지만 그래도 재스퍼와 나는 1980년대 대부분의 기간에 더코닝의 병이 이미 해마 밖으로 퍼져 시각 처리 경로까지 병들었을 거라고 결론 내릴 수 있었다. 그러나 상위 피질 부위, 즉 시각 중앙 허브나 그 주변만 병들었을 것이다.

나는 곧이어 뇌 지도를 그려 나가는 우리의 임무와 아주 연관성이 있어 보이는 사실을 강조했다. 중앙 허브에서 시작하여 색깔과 윤곽을 처리하는 하위 피질 허브까지 이어지는 감각 처리 경로는 아주 끝 단계에 가서야 병이 든다는 사실이다. 더코닝의 뇌에서 이들 하위 피질 부위가 1980년대 대부분의 기간에 비교적 손상되지 않은 채 남아 있었을 것이라는 점에는 거의 의심이 없다.

재스퍼와 나는 이렇게 대화를 통해 마침내 우리가 할 수 있는 한 최대한 정확하게 더코닝의 병에 대한 대략적인 지도를 완성했다. 더코닝이 마지막 연작의 많은 작품을 그린 것은 병이 시각 피질 처리 경로까지 퍼진 뒤이기는 했지만 그래도 겨우 위쪽까지만 퍼진 상태였다. 심지어 이곳 중앙 허브에 있는 많은 뉴런들은 비록 '병들긴' 했어도 아직 살아 있었다. 그러므로 이곳에서 이루어지는 복잡한 지각 처리 과정이 희미해지긴 했어도 완전히 죽지는 않았을 것이고, 이곳의 뉴런과 다른 정보 및 감정의 연결이 느슨해지긴 했어도 전혀 없지는 않았을 것이다. 이와 달리 하위 피질 부위의 뉴런은 1980년대 동안에 생생하게 건강했을 것이다.

이러한 뇌 지도는 그 시기 더코닝의 그림 양식이 예전과 극명하게 달라진 이유를 적어도 신경학적으로는 설명해 줄 수 있다. 예전에는 풍성할 정도로 촘촘하고 다양한 변화가 담긴 붓질로 인물, 물체, 풍경 등을 감정적으로 충만하고 복잡하게 묘사했지만 더 이상 이런 묘사는 보이지 않았다. 대신 드문드문 그려진 리본, 단순한 색채와 윤곽이 그 자리를 대신했다.

문제는 더코닝이 말년에 그린 작품의 품질에 대해 질병 지도가 뭔가를 말해 줄 수 있는지, 다시 말해 그의 인지 기능이 많이 손상되어 화가로서의 직업 역량에 영향을 미쳤는지 여부이다. 신경과 의사는 환자가 자신의 직업을 더 이상 수행할 수 있는지 여부를 판단하는 과정에서 늘 이런 질문을 받는다. 쇠퇴한 해마와 전전두피질, 그리고 이와 연결된 다른 피질 부위로 인해, 정보를 처리하고 기억하는 능력, 유창하게 말하는 능력, 수와 다른 추상적 기호를 다루고 계산하는 능력, 시간과 공간을 알고 길을 찾는 능력이 훼손되었을 때 신경심리학적 검사를 통한 객관적 증거를 얻을 수 있다. 이는 정비공이 자동차 검사를 할 때 확인하는 체크리스트와 같다. 이러한 인지 기능 체크리스트는 대다수 환자의 직업 능력이 언제부터 제 기능을 다하지 못했는지 판단하는 데 실질적인 도움을 주지만 화가의 경우에는 그렇지 못하다.

신경과 의사의 범위를 벗어나서 한 화가의 작업이 언제부터 수준 이하로 떨어지는지 판단하는 문제는 다른 전문가에게 맡겨야 한다. 이 경우에는 1995년 재스퍼를 비롯하여 더코닝의 저택을 찾았던 미술사가들의 몫이었다. 그들은 더코닝의 마지막 몇 작품만 제외하고 대다수 작품이 충분히 높은 예술적 품질을 갖추었으며 그의 예술적 궤적과도 일관성을 보이고 작품 세계의 정당한 한 부분을 이룬다고 종합적으로 결론 내렸다. 이 평가가 이들 작품을 공개할 수 있는 근거를 마련하고 전시회를 열 수 있는 청신호가 되었으며, 최종적으로 1997년 뉴욕 현대미술관에서 거의 전 세계적인 갈채를 받도록 해 주었다.

나는 더코닝의 사례 연구를 통해 더 명확하게 이해하게 된 대로 임상 전 단계와 조짐기, 심지어는 초기 치매 단계에서도 원칙적으로는 화가의 작품 활동이 가능하다고 신경과 진료의로서 명확한 결론을 내렸다. 그리고 여기에 내가 인지과학자로서 가장 흥미를 느끼는 점이 있었다. 감각 처리 경로에서 상위 부위가 손상되고 풍부한 연결망이 누더기 상태가 되었을 때, 그리고 하위 피질 부위가 경로를 지배해 감각 처리가 더 단순해지고 연결망은 제대로 발달하지 못한 채 드문드문 이어져 있을 때조차 창작 과정이 이루어질 수 있고 심지어는 천재성을 보이기도 한다는 점이었다. 이런 신경학적 분석에 대해 재스퍼는 고개를 뒤로 젖힌 채 다 알고 있다는 듯한 미소를 보였다.

우리는 잊기 위해 잠을 잔다

재스퍼는 자신의 작품 〈국기〉가 어떻게 탄생했는지 창작 과정을 어렴풋이 알려 준 바 있다.[2] 내게 알려 준 것은 아니었고 1960년대 공개된 많은 인터뷰에서였는데, 이 창작 과정의 한 부분은 잠이며 꿈속에서 영감을 받아 미국 국기를 그리게 되었다고 인정했다. 꿈은 재스퍼를 비롯한 화가들뿐 아니라 과학자들에게도 창의력의 비옥한 터전으로 알려져 있다.[3] 하지만 이 주제에 관해서라면 좀처럼 이야기하지 않으려는 재스퍼의 태도 앞에서 나는 분명지고 말 것이므로 그에게 인터뷰 인용문을 부연 설명해 달라고 부탁해 봐야 소용없을 것이었다. 그러나 잠의 생물학적 목적에 따라

꿈이 창의력에 어떤 이로운 점을 가져다주는지 밝히는 새로운 발견들이 나오고 있는데, 그가 여기에는 흥미를 보일 것 같았다.

잠을 자야 하는 신체적 필요성은 생물학에서 여전히 가장 커다란 수수께끼의 하나로 남아 있다. 생존을 위해 우리가 먹고 마시는 데 실제로 필요한 시간은 기껏해야 하루 몇 분 정도인 데 반해, 잠을 자려면 위험이 잠재해 있는데도 주변 세계를 차단한 채로 부득이 많은 시간을 할애해야 한다. 우리 몸이 간절히 원하는 대로 여덟 시간을 온전하게 잘 수 있는 운 좋은 사람들이나 심지어는 이보다 두 시간 정도 덜 자는 사람들도 결국은 주변 환경에 노출되어 취약한 상태로 삶의 3분의 1을 보내야 한다. 이러한 노출 위험에도 불구하고 잠자는 시간과 깨어 있는 시간을 번갈아 가며 보내는 생활이 생명에 너무도 필수적이어서, 복잡한 신경계를 가진 존재 가운데 그 어떤 것도 이러한 하루 생활 주기를 벗어나지 않는다. 포유류(인간에서 설치류까지), 척추동물(가금류에서 물고기까지), 심지어는 무척추 하급 동물(파리에서 벌레까지)도 그렇게 살아간다. 그런데도 우리의 신체 기능상 왜 필요한지 쉽게 설명할 수 있는 영양분이나 수분과 달리 잠의 필요성은 여전히 잘 알려져 있지 않다.

주변 상황을 알아차리며 의식하고 있어야 생존 가능성이 높아진다는 사실에도 불구하고 우리가 생존하기 위해 어쩔 수 없이 잠에 빠져 모든 것을 잊은 채 하루에 몇 시간씩 보내야 하는 이유가 무엇일까? 이를 설명해 보고자 많은 가설이 제시되었다. 25년 전쯤 한 가지 가설이 대략적인 윤곽을 갖췄고 서서히 정황적 지지를 쌓아 왔다. 그러다 불과 몇 년 전, 정교한 기술의 발달 덕분에 이를 실험하고 확인하게 되었다.

1962년도 노벨 생리의학상을 공동 수상한 과학계의 권위자 프랜시스 크릭은 DNA의 이중 나선 구조를 설명하여 앞에서 언급한 분자 차원의 혁명을 촉발했는데, 이후 자신의 연구 활동 초점을 다른 곳으로 옮겼다. 대담하게도 그는 뇌 과학에서 가장 다루기 힘든 문제, 즉 의식의 본질과 잠의 수수께끼 문제에 도전하기로 했다. 1983년 그는 잠의 생물학적 목적에 관해 가설을 세운 이론적인 논문을 발표했는데, 자신의 정교한 생각을 단 한 줄의 놀랍고 함축적인 결론으로 요약했다. "우리는 잊기 위해 꿈을 꾼다."[4]

뉴런 차원에서 기억과 관련 있는 것은 가지돌기에서 튀어나오는 작은 돌기, 즉 가지돌기가시라는 사실을 떠올려 보자. 우리 피질에 있는 수십억 개의 뉴런마다 수천 개의 가지돌기가시가 있으므로 개별 가지돌기가시의 수는 실로 천문학적이다. 이 가지돌기가시의 유일한 목적은 뭔가 경험할 때마다 크기가 달라지고 그 안에 들어 있는 신경전달물질 수용체의 수가 달라지는 것이다. 가지돌기가시마다 경험에 반응하는 분자 구조를 포함하고 있으며 뭔가를 경험할 때 커다란 구역을 이루며 자라난다.

당신이 어느 하루 동안에 미니 카메라가 내장된 안경을 쓰고 그날 경험하는 수천 개의 이미지를 프레임별로 모두 기록한다고 상상해 보라. 저녁 늦게 하루의 여정을 슬라이드쇼로 보는 동안, 당신은 경험의 대다수까지는 아니라도 많은 부분을 인식할 것이다. 이러한 인식의 순간 속에는 피질 전체에 퍼져 있는 수백만 개 가지돌기가시의 성장이 반영되어 있을 것이다. 물론 많은 경험이 서로 겹치는 정보를 공유해 가지돌기가시도 공유할 수 있지만 그래도 각 경험은 적어도 부분적으로는 별개로 구분되어 있다. 당신이 이러한 경험을 인식한다는 것은, 비록 현미경으로 봐야 알 수 있을 만큼 아주 조금이라도 낮 시간 동안 분명 당신의 뇌가 자랐을 것이라는 심리적 증거이다.

이제 정신없이 진행되는 세계 여행을 상상해 보자. 도시, 정글, 산, 고대 유물, 사막, 목가적인 시골, 휴양지 섬 등 각기 다른 환경으로 날아가서 하루 종일 빡빡한 일정에 따라 관광을 하며 일주일 동안 모험한다. 매일 수천 개의 각기 다른 선명한 기억이 당신의 뇌 속으로 밀려들 것이고 각각의 기억 조각마다 가지돌기가시가 마치 잔디처럼 자라날 것이다. 단단한 두개골 때문에 당신의 뇌 크기가 의미 있게 커지지 못한다는 공간 문제는 차치하더라도 그처럼 가지돌기가시가 마구 자란다면 인지 혼란이 생기고 조만간 피질의 가지돌기가시 용량이 다 찰 것이다. 이런 일이 벌어지면 이전 경험이 남긴 기억 정보는 마치 픽셀 전체에 명암 하나 없이 포화 상태가 된 디지털 사진처럼 모두 화이트아웃되어 서로 구분되지 않을 것이다. 더 이상 자랄 가지돌기가시가 없어지면 피질에 새로운 기억을 형성할 공간이 없어진다. 감각을 처리하는 피질 부위가 과도하게 자란 가지돌기가시로 꽉 차 버리면 바깥 세계를 지각하는 일조차 영향받을 것이다. 이들 피질 부위의 뉴런들이 외부에서 들어오는 정보에 지나치게 흥분함으로써 바깥 세계에 대한 지각이 왜곡되고 심지어는 정보 과부하로 정상적인 감각 경로가 제대로 작동하지 않아 미쳐 버릴 수도 있다.[5]

1983년 크릭은 잠이 이른바 '영리한 망각'을 통해 이러한 문제를 해결한다는 주장을 처음 내놓았는데, 이때 '영리한 망각'은 제자와 다른 연구자들이 나중에 가서 수정하고 다듬어 내놓은 개념이다. 뉴런 가소성의 원리를 기반으로 잠, 특히 꿈은 우리의 일상적인 경험에 반응하여 새로 자라난 가지돌기가시들의 구역에 서로 반대되는 이중의 영향을 미친다. 우리가 꿈을 꾸는 동안 해마는 피질에 있는 우리 경험의 조각들을 자극하여 재현하지만, 복잡하고 세세한 것까지 모두 포함한 에피소드 전체를 재현하지는 않는다. 꿈은 '전에 보았던' TV 시리즈의 요약본과 같다. 요약본에서는 가장 중요한 정보, 줄거리의 요점을 포착하여 강화하는 데 필요한 몇 안 되는 정보만 추려 내서 보여 준다. 해마 역시 이렇게 하는 과정에서 특권을 지닌 몇 안 되는 피질 가지돌기가시만 반복적으로 자극하는데, 일상 경험의 요점을 반영하여 자라난 그것들만이 하나의 기억으로 안정화된다. 그러나 대략적으로 볼 때 새로 자라났던 가지돌기가시의 대다수는 꿈꾸는 동안에 아무 자극도 받지 않는다. 일반 가설에 따르면 넓은 구역을 형성하며 새로 자라난 가시돌기가시들이 안정화되지 못한 채 방치되면 도로 줄어든다. 밤새 푹 자고 일어나면 새로 자랐던 가지돌기가시 중 이제 하나의 기억으로 안정화된 몇몇만 남았을 것이라고 예상할 수 있다. 하루 일과를 끝낸 시점과 다음 날 아침의 피질을 비교했을 때 잠의 순수 효과는 가지돌기가지의 축소라고 할 수 있다. 즉, 잠이 가져다주는 순수 효과는 망각이다.

잠자는 동안 대대적으로 이루어진 가지치기의 부수적 이점이 기억에 도움을 주어 세부 사항들을 강조하고 장식적 가지치기 같은 효과를 내는 것도 사실이지만, 앞의 가설에 따르면 잠의 주된 목적은 피질을 다시 새로운 상태로 회복하는 데 있다. 잠은 피질 석판을 지우고 깨끗이 닦아서 피질이 미래의 기억을 받아들일 수 있도록 새단장한다. 뉴런의 흥분을 가라앉히고 관련 없는 피질 정보를 효과적으로 지움으로써 감각 입력의 흐름과 처리 과정을 잘 정리된 상태로 보존한다.

이 가설이 타당하기는 해도 여러 연구를 통해 핵심 가정을 경험적으로 입증한 것은 불과 2017년의 일이다. 연구자들은 새로운 고성능 현미경과 그 밖의 정교한 기술을 이용해 마침내 넓은 범위의 피질 구역들을 대상으로 가지돌기가시의 크기를 조사할 수 있게 되었다.[6] 결과는 놀라울 정도로 분명했다. 잠의 순수 효과는 가지돌기가시를 전반적으로 축소시키는 것, 즉 망각을 일으키는 것이었다. 많은 중요 연구를 통해 잠이 가져다주는 망각을 기록한 바 있던, 크릭의 예전 제자 중 한 사람의 표현을 빌리자면, 잠이란 우리가 지닌 신경 체계의 특성 때문에 "치러야 하는 비용"이다. 우리의 신경 체계는 배우고자 하는 열망이 너무도 간절한 나머지 외부 세계에 민감하게 반응하여 걸핏하면 자라나는 가시돌기가시를 진화시켰다.[7]

크릭이 내놓은 가설의 또 다른 정밀함은 우리가 왜 일상적으로 그렇게 오랫동안 외부 세계와 단절해야 하는지 이유를 설명해 준다는 데 있다. 가지돌기가시의 축소는 금방 이루어지지 않는다. 능동적 망각에 관여하는 분자 차원의 섬세한 조직이 새로 자라난 가지돌기가시를 조심스럽게 해체하기 위해서는 몇 시간이나 걸린다. 그러므로 게걸스럽게 몇 입 먹고 나면 채워지는 허기나 한 번에 벌컥벌컥 들이마시면 해소될 수 있는 갈증과 달리 망각은 급하게 처리할 수 없다. 망각하기 위해서는 천천히 차분하게 시간을 들여야 한다.

부득이 며칠씩 잠을 자지 못한 사람들에게서 나타나는 행동상의 결과들이 이 가설을 경험적으로 더욱 뒷받침해 준다.[8] 이전의 가설들이 주장한 대로 잠이 기억에 중요한 역할을 한다면 불면으로 인해 궁극적으로 알츠하이머병의 각 단계마다 나타나는 것과 같은 유형의 기억 손실이 일어날 것이다. 그러나 사실은 그렇지 않다. 잠을 자지 못한 사람들이 알려 준 증상들을 살펴보면 피질 부위가 감각 과부하와 과흐름 상태에 빠져 뉴런이 감각 입력에 과도하게 흥분할 때 나타나는 증상과 같다. 이는 모두 잠의 주요 목적이 망각, 즉 가지돌기가시를 축소하고 정보를 지우는 데 있다고 가정할 때 예상할 수 있는 증상들이다. 어쩔 수 없이 며칠씩 잠을 자지 못한 거의 모든 사람이 극심하게 경험한 명백한 증상은 지각의 왜곡과 착란이다. 불면은 시각 처리 경로의 모든 부분에 영향을 미쳐 우리에게 보이는 색깔과 윤곽의 양상 및 지각 대상의 구성 요소들을 왜곡하며 궁극적으로는 모든 요소가 결합된 전체를 혼란스럽게 흐트러뜨려 순간이나마 환각 증상까지 일으킨다.

기억의 밧줄에서 풀려날 때

잠이 가져다주는 망각의 효과는 창의적 통찰 면에서도 발휘된다. 일반적으로 매우 창의적이라고 인정받는 개인들, 가령 시각 예술가, 시인, 소설가, 음악가, 물리학자, 수학자, 특출한 생물학자들의 내적 성찰을 심리학자들이 세밀히 들여다본 바 있다.[9] 이들이 내놓은 증언에서 하나의 통일된 단서가 드러났다. 일상적인 의미에서 '창작한다'는 말은 새로운 것 혹은 혁신을 함축하며 '창의적'이라는 말은 더 큰 생성 능력을 암시한다. 그러나 창작 과정의 전형은 뭔가 새로운 것을 갑자기 생성해 내는 것이 아니다. 오히려 기존 요소들 간에 생각지도 못했던 연관성이 불현듯 형성될 때 창작의 불꽃이 일어나며 이는 말하자면 인지 영역의 연금술이라고 할 수 있다. 창의적 통찰을 묘사할 때 사람들이 사용하는 문구들을 살펴보면, 머릿속에 있던 요소들이 "결합 작용"을 시작한다든가, 요소들이 "충돌하여 마침내 서로 맞물리는 짝이 생기면서 안정적인 결합을 이룬다"든가, 혹은 요소들이 "수면 아래에서 공통 요소들 간의 거의 화학적 친화력을 통해 서로 이끌린다" 같은 표현들이 들어 있다. 나는 시인 스티븐 스펜더의 표현을 가장 좋아하는데, 그는 자신의 창작 과정을 "아이디어라는 어두운 구름이 응축되어 단어의 소나기로 내리는 것"이라고 묘사했다.

심리학자들은 이러한 창작의 혹독한 과정을 포착하기 위한 행동 과제를 고안하기 시작했다.[10] '코끼리', '깜빡하다', '생생하다', 이 세 단어를 생각해 보라. 이제 이 세 단어 모두와 관련 있는 네 번째 단어를 떠올려 보라. 답은 '기억'이다. '쥐', '블루', '코티지'라는 또다른 세 단어와 관련 있는 단어는 무엇인가? '치즈'라고 답했다면 맞다. 그러나 답을 내놓지 못했더라도 잠시 이 두 개의 대답을 생각해 보라. (더 많은 사례를 원하면 268쪽을 참고하라.)[11] 단어들을 하나로 묶어 답을 생각해 냈거나 답을 듣고 나면 그 정확성이 명확해 보이며 당신은 '아하' 하는 순간을 경험한다. 답을 인지적으로 계산해 내기 위해 거쳐야 하는 명확한 경로도 공식도 없다. 그저 답이 나올 뿐이다. 옳은 답은 늘 거기, 당신의 피질 어딘가에 있다. 당신은 쥐가 치즈를 먹는다는 것을 알고 블루치즈나 코티지 치즈를 먹어 본 적 있거나 적어도 들어 본 적이 있다. 그러나 '쥐' 하나만 놓고 자유연상을 해 보라고 하면 당신 머릿속에 '치즈'가 가장 먼저 떠오르지는 않을 것이다. 치즈 장수가 아닌 한, '블루' 하면 그다음에 '하늘'이 생각나고 '코티지' 하면 '집'이 떠오를 가능성이 더 크다. 당신이 해충 방제 전문가나 쥐 잡는 사람으로서 다양한 미끼를 시험해 본 적 있는 경우에만 '치즈'라는 단어가 머릿속에 가장 먼저 떠오를 것이다. 마찬가지로 당신이 나 같은 기억 전문가인 경우에만, '코끼리'나 '깜박하다'나 '생생하다'에 대한 반응으로 '기억'이라는 단어가 생각날 것이다.

다른 한편으로 볼 때 두 단어의 연결성이 강하면 잠재적으로 창의성을 제한할 수 있다. 예를 들어 나는 바다에서 가장 멋진 생물들 중 하나인 해마를 볼 때면 곧바로 '기억'을 연상할 수밖에 없다. 그리고 정확히 이 점이 핵심이다. 창의성은 기존의 연관성, 즉 기억을 필요로 하지만 이 연관성이 느슨하고 장난스러운 상태로 있어야 한다. 예술가들의 증언에 따르면 다양한 요소에 몰입하고 이 요소들 간의 연관성을 형성함으로써 창작 능력이 형성되지만, 이 연결성이 느슨할 때만 그러하다. 모든 시각 예술가는 눈에 보이는 모습에 몰두하고 시인은 단어에 몰두하며 과학자는 사실과 관념에 몰두한다. 그러나 위대한 사람의 남다른 점은 이러한 연관성이 돌처럼 굳어 있지 않다는 것이다.

연결이 느슨하게 약해진 연관성, 돌처럼 굳어 있지 않고 점토 상태로 있는 연관성. 창의성에는 이 모든 것이 요구되는데 모두 망각의 형태처럼 보인다. 정말 그럴까? 심리학자들이 다양한 방법을 사용하여 '블루-하늘' 또는 '코티지-집' 같은 단어 쌍들의 연관성을 강하게 묶거나 느슨하게 풀어 준 연구들에서, 망각이 창의성에 이롭다는 증거가 가장 먼저 나왔다.[12] 피실험자에게 반복적으로 단어 쌍을 접하게 하면 처음에는 창의성 과제에서 나쁜 성과를 보였다. 이후 며칠이 지나면 성과가 차츰 향상되는데 이 향상의 속도는 망각이 진행되는 시간표와 궤를 같이했다.

　　망각과 창의성의 연관을 보여 주는 다른 증거는 여러 수면 연구에서 나왔다.[13] 이 연구들은 창의성 단어 과제로 측정하든 다른 척도로 측정하든 깊은 숙면, 특히 꿈이 우리의 창의성에 상당한 도움을 준다는 사실을 명확하게 보여 주었다. 잠이 어떤 식으로든 충분한 휴식을 안겨 주었기 때문에 이런 이점이 생긴 것은 아니었다. 그렇다고 하루의 긴 여정을 지나는 동안 우리가 접했던 것들의 몇 가지 기억 정보가 꿈을 통해 더 선명해졌기 때문에 이점이 생긴 것도 아니었다. 이들 대다수 연구가 이루어진 것은 우리가 일상의 평범한 기억 중 많은 부분을 잊기 위해 잠을 잔다는 크릭의 가정이 결정적 증거를 통해 입증되기 이전의 일이지만, 그럼에도 뒤늦게 과학적 깨달음을 얻음으로써 부정할 수 없는 결론을 내릴 수 있었다. 즉, 잠이 가져다주는 망각의 도움으로 우리가 기억하는 것들이 느슨하게 장난스러운 상태로 연결되어 있을 때 가장 창의적일 수 있다는 것이다.

우리가 왜 먹어야 하는지, 어떻게 음식이 소화되는지, 어떻게 영양분이 세포까지 전달되는지, 어떻게 세포가 영양분을 연소하여 에너지를 생산하는지 등은 누구든 알 수 있다. 그러나 한동안 굶어 보는 것만큼 이런 필요성을 절실히 가르쳐 주는 것은 없다. 길고 다사다난했던 하루를 마치고 나서 잠을 자고 싶은 강한 열망, 극도로 밀려드는 갈망을 느껴 보는 것이야말로 망각의 필요성을 완벽하게 이해할 수 있는 가장 확실한 길이다. 자라난 가지돌기가 시를 깔끔하게 정돈하여 당신의 머리가 한결 가볍게 회복된 상태에서 다음 날을 기록하도록 해 주는 것이야말로 숙면이 가져다주는 더할 나위 없는 축복이다. 며칠씩 불면의 밤을 보내고 난 뒤에 머리가 어수선하고 혼란스러운 것은 어느 정도는 불필요한 정보들로 인해 뇌에 과부하가 걸린 결과이다.

재스퍼와 나는 기나긴 논의를 마무리하면서 망각이 창의성을 위해 특별히 진화한 것인지 생각해 보았다. 창의적 통찰을 통해 이점을 얻는 것이 명백한 사실이기는 해도 망각 과정이 생기게 된 주요 원인은 앞 장들에서 설명한 인지적·감정적 이점을 얻기 위해서이고, 창의성은 이에 기대어 부가적으로 생긴 이점일 가능성이 더 크다. 그럼에도 망각이 우리 머리를 가볍게 비움으로써 이런 기억의 밧줄에서 풀려나 공상과 창의성을 펼치게 해 주는 것은 사실이다.

Chapter 6

편견

삶의 모든 영역에서 그렇듯이 의료에서도 의사 결정 행위는 개인적 편견의 영향을 받기 쉽다. 가령 의사들에게는 가족이나 심지어 가까운 친구도 직접 치료하지 말라고 요구하는데, 미국의학협회 윤리강령에 따르면 가까운 관계가 우리의 "전문적 의학 판단"에 "과도한 영향"을 미칠 수 있기 때문이다. 가령 응급 상황 같은 경우, 이 윤리강령을 깰 수도 있지만 그 과정에서 의료 과실을 줄이기 위해 우리 자신의 편견을 완전히 의식하고 있어야 한다.

'축소 편향'은 내가 사랑하는 이들을 치료할 때 동료들에게서 흔히 듣는 걱정이다. 우리는 잘 아는 사람이 증상을 호소할 때 주의 깊게 듣지 않거나 심각하게 받아들이지 않아서 이따금 증상을 축소하는 경향이 있다. 내 의사 친구 한 명은 세 살짜리 딸이 늘 목

마르다고 불평하는 것을 흘려듣다가 뒤늦게야 당뇨병이라는 것을 알게 되었다.

어떤 인간관계이든 의사 결정에 편견을 갖게 할 수 있으며 의사가 의사를 치료하면 안 된다는 윤리강령은 없지만 이 경우에도 우리는 편견을 경계해야 한다. 우리가 지닌 축소 편향 때문에 행동 조치를 너무 적게 하거나 너무 늦게 하는 경우가 있다면 반대로 '확대 편향'은 다른 의사를 진료할 때 이따금 생긴다. 아마 동료를 잘못 진단하는 당혹스러운 일을 두려워한 탓인지, 예를 들면 과도한 의료 검사를 지시하는 등 종종 과잉 행동의 경향을 보인다.

우리가 지닌 인지 적성뿐 아니라 편견과 위험까지 모두 포함하여 자신의 인지적 자아를 의식하는 것을 메타 인지라고 한다. 어느 날 오후 나는 진료 환자의 목록을 훑어보다가 닥터 X의 이름을 알아보았을 때 이런 메타 인지의 순간을 경험했다. 그는 우리 의료 센터에 있는 세계적으로 유명한 감염병 전문가였다. 비록 개인적 친분은 없지만 그의 명성을 알고 있었고 예전에 우리 가족 중 한 명의 진료를 그에게 맡긴 적이 있었다. 나와 마찬가지로 그 역시 동료 의사를 진료할 때 생길 수 있는 편견을 의식하는 것 같았고, 의사 대 의사라는 우리 관계가 새로 바뀐 환자 대 의사의 관계에 영향을 미치지 않도록 애쓰는 모습이 처음부터 역력했다. 자신을 소개할 때 나를 '스몰 박사'라고 특별히 강조하여 부른 점도 매우 의도적인 것 같았고 환자를 진료하는 도중에 서둘러 내 진료실을 찾았음에도 흰 가운을 입지 않았다. 나 역시 그대로 따르면서 병원 동료끼리 흔히 주고받는 잡담을 애써 삼갔고 평소 같으면 환자가 아닌 거의 모든 사람에게 나를 스콧이라 부르라고 권했을 테지만 그가 나를 스콜 박사라고 부르는 것을 바로잡지 않았다.

내 뇌가 그렇게 생겼어요

사십 대 후반인 닥터 X는 주된 불편 사항을 말할 때 좀 기이한 이야기를 꺼냈다. 그는 다른 이들에 비해 잘 잊으며 예전부터 줄곧 그랬다고 느껴 왔는데 이런 느낌이 객관적으로 맞는지 알고 싶어 했다. "그게 왜 지금 궁금하신 거예요?"라고 내가 묻자 그는 그냥 중년에 들어서면서 좀 더 자기 성찰적이 되었다고 답했고 알고 보니 이는 반만 맞는 대답이었다. "강철 덫" 같은 머리를 가졌던 내 환자 칼과는 달리 닥터 X는 초등학교 시절부터 또래들보다 기억력이 나쁜 것 같았다고 말했다. 나는 그의 이력으로 보건대 우선 경쟁적인 대학에서, 그리고 이후에는 악명 높을 정도로 암기 실력에 모든 성공이 달려 있던 의과대학에서도 학문적 우수성이 입증되었으므로 기억력이 형편없을 리 없다고 지적했다. 그는 자신이 "벼락치기"에 아주 능하다고 설명하면서 며칠 정도는 새로운 정보를 "붙들고" 있을 수 있지만 이후에는 "마치 보이지 않는 잉크"처럼 머리에서 기억이 증발해 버리는 것 같았다고 했다. 농담이나 유

176

명 배우 이름을 떠올리는 경우든, 비록 잠깐 동안이지만 대학 시절에 익혔던 역사적 날짜나 의과대학에서 익혔던 뇌신경 등 학문적 정보를 떠올리는 경우든 그의 기억력은 다른 사람보다 확실히 나빴다. 그는 세월이 흐르면서 기억력이 나빠진 것이 아니라 그냥 자신의 "뇌가 그렇게 생겼다"고 아주 분명하게 밝혔는데, 이는 내가 평가를 내리는 데 매우 중요한 사항이었다.

한 가지 신경학적 검사를 진행해 보니 비정상적인 것이 하나도 나타나지 않은 데다 확대 편향이 과도한 의학 검사를 지시하는 결과로 이어질 수 있다고 의식한 나는 MRI나 일반 혈액 검사를 지시하고 싶은 유혹을 참았다. 그러나 닥터 X의 기억력이 보통 이하라는 객관적 증거가 있을지 판단하는 데 도움을 받기 위해 심리학과 동료 한 명에게 연락했다. 환자의 인지를 정식으로 평가하는 일반적인 신경심리학적 종합검사를 진행해 줄 수 있을지 묻자 그녀는 기꺼이 수락했다.

2주 뒤, 검사 결과가 나오자 우리 셋은 내 진료실과 같은 층에 있는 인지 검사실에 모여 검토했다. 어찌 됐든 동료를 안심시키기 위해서인지 심리학과 동료는 우선 닥터 X의 높은 아이큐를 칭찬하는 데서부터 시작했다. 닥터 X는 이 사실을 직감적으로 알고 있었는지, 아니면 전에 들은 적이 있었는지 칭찬에 대해서는 대강 얼버무리고는 당면한 의학 문제로 넘어가 자신의 주된 불편 사항인 기억력에 대해 물었다. 나는 많은 환자나 학생들에게 하듯이 그에게도 신경과 의사가 '기억'이라는 애매한 개념을 뇌의 해부 구조에 따라 정리하여 영역별로 분석하는 내용을 설명해 주었다. 새로운 장기 기억을 형성하는 역할을 하는 해마, 최종적으로 기억이 저장되는 후두 피질 영역, 피질의 저장소에서 기억을 인출하는 데 도움을 주는 전전두피질에 관해 설명했다. 그리고 신경심리학적 검사를 통해 각 기억 체계를 평가하는 방법도 설명하자 심리학과 동료는 이를 신호로 삼아 닥터 X의 여러 가지 점수를 읽어 나갔다.

기억 저장과 기억 인출을 검사한 점수는 정상이었지만 해마 기능은 정상 수치보다 낮았다. 나는 얼른 부연 설명을 통해 설령 평균보다 낮더라도 비정상은 아니라고 덧붙였다. 키에도 차이가 있듯이 그의 기억력도 그저 정상 범위 안에서 조금 낮은 쪽에 속하는 것뿐이라고 했다. 닥터 X는 이 비유를 계속 이어 가면서 사람의 최종적인 키가 유전적으로 정해져 있다고 해도 영양실조로 인해 자신이 타고난 만큼 자라지 못할 수도 있다고 공손하게 지적했다. 이런 사실이 기억력에도 해당될 수 있을까? 이론적으로 그의 말이 옳다고 나는 대답했다.

오래전부터 영양 상태가 인지에 영향을 미친다고 여겨 왔다. 예를 들어 2014년 우리는 특별히 해마 기능과 연관되는 것으로 밝혀진 일군의 영양소, 즉 플라바놀flavanols을 확인한 바 있다.[1] 많은 열매와 녹차에서 발견되는 플라바놀은 특히 카카오 열매에 고농도로 들어 있다고 밝혀졌고 이런 이유로 더러 '코코아 플라바놀'이라고도 불린다. 닥터 X의 식습관을 빠르게 살펴본 결과 아주 우수한 것으로 드러났다. 플라바놀 섭취량을 측정하는 혈액 검사가 개발되고는 있지만 아직 상용화 단계는 아니었다. 나는 보통 이하에 속하는 닥터 X의 기억력이 유전자 때문일 가능성이 크다고 느꼈다. 그가 흥미를 보일 것이라고 여겨, 해마 의존 기억과 관련 있는 단백질 및 이를 부호화하는 유전자를 확인한 몇 가지 최신 논문을 그에게 보내 주겠다고 약속했지만 이런 유전적 정보가 치료 차원에서 어떤 의미를 갖는 것은 아니라고 덧붙였다.[2] 나는 그의 직감이 맞는 것 같다고, 아마도 그렇게 타고난 것 같다고 그에게 말해 주었다. 그는 자기 아버지가 유명할 정도로 기억력이 나빴으므로 타당한 말이라고 수긍했다. 기억력이 나쁘다는 것을 이렇게 객관적으로 확인했다는 데 만족하는 듯 보였다. 당신이 몇 가지 면에서 보통 이하의 수준임을 알게 되더라도 자기 자신을 안다는 것은 기쁜 일일 수 있다.

뇌의 '중앙 집행 본부'

닥터 X는 이내 자신의 IQ 문제로 돌아가 기억력이 그렇게 나쁜데 어떻게 IQ 점수가 높을 수 있는지 별 뜻 없이 물었다. 이 질문은 심리학과 동료가 맡았다. 그녀는 IQ를 어떻게 측정하는지, 이 점수를 결정하는 것이 무엇인지 설명해 주었다. 그녀가 실시한 검사는 일반적으로 많이 이용되는 일종의 종합검사이며, 총체적으로 지능을 구성하는 뇌의 각 기능을 다양한 하위 검사로 측정한다. 이 가운데 해마에 의존하는 기억에 대한 검사는 지리 정보 및 역사 정보에 관한 지식과 어휘 수준을 측정하는 검사 한 가지뿐이다. 닥터 X가 이 검사에서 받은 점수는 잘해야 평균 정도였다. 그의 IQ 점수가 특별히 높을 수 있었던 것은 비교적 해마에 덜 민감한 하위 검사에서 탁월한 점수를 얻은 덕분이었다. 심리학자들은 흔히 이런 여러 가지 하위 검사를 묶어 하나의 인지 능력으로 나타내며 이를 가리켜 '집행 기능'이라고 일컫는다. 아마 매우 중요한 능력인 것처럼 들릴 것이다. 그렇다, 정말로 아주 중요하다! 그러나 집행 기능은 가령 기억이나 언어 등에 비해 더 모호하며 설명하기도 힘들다. 닥터 X의 학구적 정신이 자극을 받았고 분명 그는 더 듣고 싶어 했다. 심리학과 동료와 내가 그를 도와주었다.

　　뇌의 집행부에 우선적으로 맡겨진 과제는 마치 정부와 기업의 고위층이 하는 역할과 같다. 입력 정보의 흐름을 통해 추론하고 이들 '정보'가 제시하는 문제를 해결하는 것이다. 내부적으로 신중하게 생각한 끝에 뇌의 집행부에서 문제를 바로잡기 위한 행동이 필요하다고 판단하면 그다음 두 번째 기능은 가장 합리적인 행동 계획을 세우고 실행하는 것이다. 두 번째 기능을 평가하는 신경심리학적 검사는 가령 높은 성과를 요구하는 특정 업무에 지원할 때 이용되기는 하지만 우리가 주로 이용하는 검사는 첫 번째 기능, 즉

추리 및 분석적 문제 해결에 초점이 맞춰져 있다. 닥터 X가 검사에서 우수한 점수를 받은 것이 바로 이 분야였으며 높은 IQ 점수의 주된 결정 요인이었다.

닥터 X는 이를 바로 이해했다. 그러고는 이 분야가 기본적으로 수학이며 자신은 이 분야에서 늘 탁월한 기량을 발휘했다고 요약해서 이야기했다. "그런데 수학이 뭐지요?" 심리학과 동료와 내가 거의 동시에 반문했으며 약간은 격한 느낌도 섞여 있었다. 그의 이야기에 잘못된 점은 없었으며 어차피 우리 모두는 환원주의자였다. 그러나 추론이 수학이라는 말은 사고가 생각이라는 말처럼 순환논법이다. 심리학자들은 수학적 추론이든 다른 방식의 추론이든 이를 가능하게 해 주는 것이 어떤 정신 작용인지 이해하고 싶어 하며, 신경학자는 이런 정신 작용이 어디에서 이루어지는지 신경해부학적 지도를 알고 싶어 한다.

심리학이 먼저다. 심리학자들은 우리가 추론하거나 문제를 해결할 때, 다시 말해 수학을 할 때 필요한 또 다른 유형의 기억 작용을 규정한 바 있다. 바로 작업 기억이라고 불리는 것이다.[3] 작업 기억이란 정보를 처리하는 짧은 시간 동안만 기억하는 능력을 가리키며, 해마와 관련된 기억과 혼동해서는 안 된다. 이는 간단한 계산을 하는 정신적 메모패드이자, 많은 정보 조각을 동시에 공중에 띄울 수 있도록 해 주는 정신적 저글링 같은 것이다. 작업 기억을 이용하는 한 가지 사례로 많은 학생이 짜증스러워했던 저 고전적인 학교 수학 문제를 들 수 있다. 가령 두 개의 기차가 서로 다른 속도로 마주 달릴 때 충돌 시간과 장소를 계산하는 문제 같은 것이다. 머릿속에서 복잡한 삼차원의 물체를 회전시키거나 일련의 항목 중에서 다른 것과 어울리지 않는 한 가지를 찾아내는 것도 이런 분석적 기억 체계의 도움을 받는다. 수학적 사고에서 작업 기억의 역할을 보여 주는 더 간단한 사례는 100에서 7씩 빼면서 세는 연습 문제이다. 다시 말해 100에서 7을 빼고(93) 93에서 7을 빼는(86) 식으로 계속 이어 가라고 한 다음, 환자들이 어디까지 이어 갈 수 있는지 측정한다.

작업 기억은 결코 수학적 사고에만 한정되지 않으며 다른 모든 정보까지 포괄한다. 우리가 이용하는 또 다른 검사는 'world'의 철자를 거꾸로 말해 보라고 하는 것이다. 이 모든 검사에서 피험자는 새로운 정보를 저장하거나 기존 정보(숫자, 단어, 물체, 개념 등)에 접속하여 작업을 수행하는 잠깐 동안에 정보를 머릿속에 간직해야 한다. 해마 의존 기억과는 달리 작업을 다 마친 뒤에는 이 정보를 구겨서 던져 버릴 수 있다. 물론 순수하게 분석적인 문제를 해결하는 경우 등 원칙적으로 볼 때 작업 기억이 장기 기억과 관계없이 기능할 수 있다고 해도, 'world'의 철자를 기억하고 있으면 작업 기억에 가해지는 압박을 덜 수 있다는 면에서 역시 장기 기억의 이점을 얻을 수 있기는 하다.

신경학적으로 집행 기능의 본부는 앞서 기억 인출과 관련하여 이야기했던 뇌 영역, 즉 전전두피질이다. 전전두피질은 매우 넓어서 우리 뇌에서 가장 큰 구역에 속하며 집합적으로 작용하는 여러 부위가 빽빽하게 연결되어 있다. 집행 기능에 필요한 모든 입력 정보는 전전두피질로 모인다. 앞서 얼굴과 이름을 기억하는 문제에서 이야기한 피질 감각 영역이 외부 세계에 대한 최신 실시간 사실 정보를 이곳으로 보내고, 편도체도 그때그때의 위험 평가를 이곳으로 보낸다. 또한 전전두피질은 필요할 때면 언제든지 기존에 알던 정보도 내려받을 수 있다. 작업 기억을 담당하는 곳은 백악관 상황실과 비슷한 역할을 하는 전전두피질의 한 부서로, 판단을 내리고 행동 계획을 수립하기 위해 새로운 정보와 기존 정보를 빠르게 분석한다. 전전두피질은 뇌의 모든 운동 영역에 직접 출력을 하는 방식으로 집행 기능의 두 번째 역할도 담당하는데, 계획을 수립하여 승인하고 무엇을 동원하여 실행하는 것이 가장 최선인지 판단한다.

늘 그렇듯이 복잡한 뇌 기능에 관한 신경학은 이 기능이 없어졌을 때 가장 이해하기 쉽다. 전전두피질에 병소를 지녀서 집행 기능이 손상된 경우를 살펴보면 되는데, 대다수 사람과 마찬가지로 닥터 X는 이런 환자를 본 적이 없었다. 그리하여 우리는 모두가 아는 사례, 즉 어린아이의 뇌와 행동을 참고하기로 했다. 우리가 유아기를 벗어나 아동기에 들어설 무렵이면 전전두피질로 정보를 보내는 데 필요한 후두의 모든 감각 체계가 완전히 발달된다. 아울러 하나의 행동 계획을 설계하고 실행하기 위해 전전두피질이 필요로 하는 모든 운동 영역, 그중에서도 특별히 언어 및 균형 잡힌 팔다리 운동 제어 영역이 제대로 준비를 갖춘다. 심지어는 해마 의존 기억 체계도 가동되기 시작한다(대략 세 살 무렵부터 가동되며 이 때문에 우리는 영아기에 대한 기억이 없다). 여전히 부족한 것은 전전두피질의 중앙 집행 본부이다. 전전두피질의 정교한 구축 과정은 뇌 발달에서 가장 늦게 이루어지며 십 대 후반이나 이십 대 초반에야 완전한 기능을 갖춘다. 성인뿐 아니라 아이들도 기억하고 지각하고 감각 정보를 처리할 수는 있지만 전전두피질이 완전하게 성숙하지 않아 성인처럼 추론하거나 판단할 수 없으며 충동을 제어하는 데도 어려움이 있다. 신경생물학자가 잘 아는 이 점을 입법가들도 잘 알고 있어서 어린이에게는 투표권을 주지 않으며, 자동차 보험회사도 잘 알고 있어서 십 대에게는 할증 보험료를 매긴다. 닥터 X는 이 모든 것을 흥미로워했다. 자신의 인지적 자아에 대해 늘 미심쩍어했던 점을 확인해 주고 신경학 강의를 해 준 것에 진심으로 고마워했다.

내 기억에 대한 기억, 메타 기억

닥터 X의 인지 분석 기록은 알츠하이머병과 직접 관련이 있는 또 다른 인지 특성을 강조하는 데도 유용하다. 닥터 X는 해마

의존 기억이 나쁘기는 하지만 좋은 메타 기억을 가지고 있었다. 다시 말해 그는 자신의 기억 능력이 어떠한지 잘 알고 있었다. 메타 기억은 메타 인지의 한 부분집합으로, 자신의 기억 능력에 대한 주관적 느낌이 객관적인 수치와 일치하는 정도라고 할 수 있다. 탁월한 기억력을 지녔든 형편없는 기억력을 지녔든, 아니면 그 중간 어디쯤 놓여 있든 이런 범위에 드는 우리 대다수는 꽤 좋은 메타 기억을 지닌 것으로 밝혀졌다. 많은 환자들, 특히 알츠하이머병 초기에 있는 환자들도 정상적인 메타 기억을 유지하며 자신의 인지 능력이 안타깝게도 점차적으로 계속 나빠지는 것을 인정한다. 하지만 불행히도 아직 우리가 완전하게 이해하지 못하는 이유로 몇몇 사람은 그렇지 못하다.[4] 그들은 기억력을 잃을 뿐 아니라 이러한 기억 퇴화에 대한 메타 기억까지 잃는다. 인지적 사망에 따른 해로운 영향으로 가장 큰 고통을 겪는 사람이 바로 이런 환자들, 다시 말해 자신의 인지가 퇴화하는 것을 인정하지 않는 환자들이다.

내 직업 경력에서 가장 나쁜 경험은 법정에 나가서 내 환자 중 한 명에게 불리한 증언을 했던 일이다. 그는 68세의 남자였으며 치매가 악화된 결과, 차 두 대를 완전히 망가뜨리는 사고를 냈다. 메타 기억이 나빴던 그는 자신의 인지가 퇴화되었다는 사실을 부정하며 차 열쇠를 내놓지 않았고 운전을 그만두려고도 하지 않았다. 그의 가족은 그를 법정으로 데려가는 것 말고는 달리 의지할 수단이 없다고 느꼈고 결국 판사는 그에게 불리한 판결을 내려 운

전면허를 취소하고 가족이 그의 차를 가져가도록 했다. 적절한 판결이지만 전체적으로는 비극적인 일이었다.

닥터 X가 늘 직감으로 느껴 왔던 사항에 관해 이제 나는 신경학적으로 이해하게 되었다. 인지와 가장 관련 있는 주된 해부학 구조 가운데 닥터 X의 전전두피질은 평균 이상의 기능을 보인 반면, 해마는 평균 이하의 기능을 보였다. 그는 메타 기억 능력, 폭넓게는 메타 인지 능력이 좋았다. 그 외에 다른 검사는 지시하지 않았고 내 입장에서 그의 진료는 모두 끝났다.

그러나 심리학과 동료의 사무실을 나오자 닥터 X가 나를 부르더니 시간을 좀 더 내 달라고 했다. 내게 묻고 싶은 것이 더 있었던 것이다. 그날은 내 진료일이 아니라서 다른 신경과 의사가 내 진료실을 쓰고 있었기 때문에 우리는 다른 연구동 건물에 있는 내 실험실까지 걸어가기로 했다. 18층에 있는 실험실에 올라가기 위해 엘리베이터를 기다리는 동안 우리는 다시 의사 대 의사의 관계로 돌아가서, 만성적으로 더딘 엘리베이터를 안타까워하고 풍문으로 떠도는 병원 지도부 교체 문제에 대해 잡담을 나누었다. 내 실험실에 들어서자 닥터 X는 마침내 자신의 나쁜 기억력에 대해 새삼 관심을 갖게 된 주된 이유를 털어놓았다. 의학적 의사 결정과 관련되는 문제였다.

닥터 X는 우리 학교에서 교과과정 개선 과제를 맡은 위원회 소속이어서 늘 관련 문헌을 챙겨 보고 있었다. 최근 그는 의학적 의사 결정 과정에서 최종적으로 올바른 진단과 치료 계획에 이르기 위해 '지적 겸손'이 어떤 중요성을 지니는지, 그리고 의대 수련의들에게 이를 어떻게 가르치는지 다룬 논문을 읽은 적이 있었다.[5] 지적 겸손은 메타 인지의 연장선상에 놓인다고 할 수 있는데 이런 지적 겸손을 갖춘 사람들은 자신의 초기 판단이 틀릴 가능성을 열어 놓을 수 있다. 이들은 최초의 판단을 접고 더 정확한 다른 판단으로 바꾸는 경향이 강하다. 생명을 위협할 가능성이 있는 데다 즉각적인 영향이 있는 상황에서 빠른 결정을 내려야 하는 비행기 조종사나 소방관, 자동차 운전자, 응급의학과 의사 등과 달리 대다수 의사는 일반적으로 천천히 결정을 내릴 수 있다.

맨 처음 환자를 평가할 때 우리 대다수는 가능성이 있는 다른 최종 후보 목록을 염두에 두면서도 우선 가장 가능성 높은 진단을 빠르게 내린다. 증세가 명확한 일반적인 질병의 경우에는 신속한 의사 결정도 괜찮지만 복잡한 질병의 경우에는 대개 시간을 갖고 문제를 충분히 숙고하며 필요한 경우에는 문헌을 검토하거나 동료와 상의한 뒤에 최종 진단을 내린다. 물론 후속 검사를 통해 최종 진단이 나오기는 하지만 가장 가능성 높은 진단이 무엇인지 처음에 판단하면 환자에게 불편을 끼치거나 환자를 위험하게 하거나 불필요한 검사로 과도한 부담을 지우지 않으면서 좋은 진료를 할 수 있다. 처음에 가장 가능성 높은 병인, 즉 문제의 원인으로 보이는 것이 무엇인지 판단하는 데 당연히 기억이 매우 중요한 역할을 한다. 그러나 이 처음의 직감이 틀리더라도 최종적으로는 지적 겸손이 더 중요해서, 우리가 마음을 바꾸고 정확한 의학 결정에 도달할 가능성을 높여 준다. 이 과정은 '진리 탐구'와 대비되어 '진리 추적'이라고 일컬어진다. 우리 대다수가 진리를 탐구하기는 하지만 일정 수준의 지적 겸손을 갖춘 사람만이 진리를 향해 때로 더디게 진행되는 힘든 과정을 인지적으로 추적해 간다.

의과대학 학생에게 지적 겸손을 가르치기 위한 몇 가지 방법이 있다. 의학적 의사 결정 과정에서 생기는 편견(성별이나 민족과 관련된 편견이 좋은 예다)에 대한 의식을 향상하거나, 마음을 바꿈으로써 얻을 수 있는 미덕을 민감하게 느끼도록 하거나, 자만심과 편견과 오만 등에 빠지지 않도록 예방하는 등의 방법이며, 이런 것들은 현재 의과 교육과정에 들어 있다. 그러나 닥터 X는 교육받지 않고도 자연스럽게 지적 겸손의 성향을 갖게 해 주는 것이 무엇일지 알고 싶어 했다. 진단 전문의로 널리 인정받는 그는 자신의 진단 능력이 높은 수준의 지적 겸손과 관련이 있으며 이것이 나쁜 기억력과 이에 대한 자각에서 기인하는 것이 아닐까 조심스럽게 추측을 내놓았다.

그는 의대 시절에 임상 수련을 하면서 겪은 대표적인 경험에 관해 이야기했다. 임상 수련은 소크라테스 방식을 따르는데 치료 책임을 맡은 '주치의'가 한 무리의 수련의를 데리고 새로 입원한 환자들의 병상을 돌고 난 뒤, 강의실이나 병동 복도 끝 구석에 모여 각 사례를 검토한다. 주치의는 전적으로 교수법 방식에 따라 수련의들에게 첫 진단 의견이 무엇인지 묻는다. 대개는 아주 우월한 기억력을 가진 뛰어난 수련의 한 명이 개연성 있는 질병 원인별로 각기 다른 진단과 함께 최우선으로 고려해야 할 의학적 근거들을 줄줄이 읊으며 눈부신 활약을 보인다.

닥터 X는 이런 유형의 사람을 가리켜, "진단명과 그에 대한 세부 사항이 각각 적힌 색인 카드들을 면밀히 살피며 내용을 훑어보다가 마침내 딱 맞는 것을 찾아내는 기계"라고 묘사했다. 닥터 X는 약간의 부러움을 느끼지만 악의는 전혀 없이 자신의 머리가 결코 그런 방식으로 돌아가지 않는다는 것을 깨달았다. 그는 결코 그런 사람이 아니었다. 그는 가능성 있는 진단을 내놓을 수는 있지만 명확한 사례를 마주하지 않는 한, 그 진단에 대해 여전히 그다지 확신을 품지 않은 채로 있었다.

환자별로 수련의가 한 명씩 배정되면 주치의의 감독하에 적절한 진단 검사가 실시된다. 며칠 후에 팀은 다시 모여 최종적으로 올바른 진단을 내린다. 그러나 주치의는 최대의 교육 효과를 위해 해당 환자를 배정받지 않은 다른 수련의들에게 먼저 어떤 최종 진단을 내렸는지 묻는다. 자신의 신속한 의사 결정을 신뢰하지 않게 된 닥터 X는 자신에게 배정된 환자를 관리하는 사이 시간을 이용하여 다른 사례에 관해 천천히 생각하곤 했다. 그는 이 시기에 자신이 특히 복잡하고 어려운 사례에서 최종적으로 올바른 진단을 내리는 타율이, 그보다 기억력이 좋아서 마음을 잘 바꾸지 않는 다른 수련의들에 비해 더 높은 것을 알아차렸다. 그는 남다른 진단으로 명성을 쌓기 시작했는데 누구보다 먼저 빠르게 진단하는 것이 아니라 결국에 가서 가장 정확한 진단을 내놓는 것으로 이름을 알렸다. 그는 내과 레지던트와 감염병 전공 박사 후 과정 때까지 이처럼 느리고 체계적인 의사 결정 방식을 이어 갔고 이후 의사로 활동하는 내내 이 방식을 적용해 왔다.

놀라운 수준의 자기 인식과 성찰을 지닌 정신의 소유자로서 닥터 X는 '이야기 편향'이라고 일컬어져 온 것을 익히 잘 알고 있었다. 이는 사건의 과거로 거슬러 올라가 일련의 원인들을 사건과 연결 지음으로써 사실과 다르거나 지나치게 단순한 이야기 줄거리를 만들어 내어 우리의 삶을 이해하려는 충동을 말한다. 그는 나쁜 기억력 때문에 의사 결정 능력이 개선되었다는 자신의 이야기에서 위안을 얻기는 하지만 이러한 줄거리가 '이야기 짓기의 오류'의 고전적 사례일 수 있다는 것을 의식했다.

그가 최종적으로 내게 던진 질문은 단순했다. 이제는 그도 이해하게 되었듯이 해마 기능이 좋지 않다고 해석되는 나쁜 기억력이 왠지 모르지만 더 나은 의사 결정으로 이어지는 듯한데 이 가정을 뒷받침할 만한 객관적 증거가 있는가 하는 물음이었다. 의사 결정 문제는 뇌 과학에서 가장 뜨거운 논란이 일고 있는 연구 주제여서 나는 이에 관한 문헌을 잘 알기는 하지만 그 자리에서 바로 그에게 알려 줄 만한 대답을 알지 못한다고 털어놓았다. 나는 이 문제에 관해 생각해 보고 다시 연락하겠노라고 약속했다.

인지 휴리스틱, 내 정신의 '바나나껍질'

대니얼 카너먼은 의사 결정 분야의 아버지로 널리 통한다. 이 분야는 1974년 그가 공동 연구자 아모스 트버스키와 함께 세상이 놀랄 만한 논문 「불확실한 상황에서의 판단: 휴리스틱과 편견」을 《사이언스》에 발표했을 때 하늘에서 뚝 떨어진 것처럼 겉보기에는 완전한 형태를 갖춘 채로 등장했다.[6] 이 분야는 대체로 경제학에서 이용되어 경제적 의사 결정에서 아주 유용한 것으로 입증되었고 더러 신경경제학으로 일컬어지기도 한다. 카너먼은 "특히 불확실한 상황에서 이루어지는 인간의 판단과 의사 결정과 관련해 심리학 연구의 통찰을 경제 과학에 통합한 공로"로 2002년 노벨 경제학상을 받았다. 또한 의사 결정 분야를 다른 많은 영역에까지 확장한 공로로 2013년 당시 미 대통령 버락 오바마는 카너먼에게 대통령 자유 훈장을 수여했다.

1974년의 고전적인 논문은 획기적인 과학이었다는 점 외에 글의 명확성으로도 유명하다. 저자들은 '휴리스틱'[Heuristic, 복잡한 과제를 간단한 판단 작업으로 단순화하여 의사 결정을 하는 경향-옮긴이]과 '편견'이라는 용어를 어떤 의미로 사용했는지 설명했고 또 다른 뇌 체계인 지각에 빗대어 이 용어를 인지에 적용했다. 우리 모두는 착시에 대해 잘 알고 있다. 예를 들어 길이가 같은 직선이라도 화살표가 달린 직선이 화살표가 없는 직선에 비해 실제와 다르게 더 길어 보이는 현상 등이다. 또 다른 예로 네커 큐브가 있는데, 종이 평면에 사각형 두 개를 그린 뒤 직선으로 이 사각형을 연결하여 보완하면 우리 머릿속에 착각이 일어나 이차원 평면에 그려진 삼차원의 정육면체가 떠오른다.

카너먼과 트버스키는 우리가 흔히 아는 또 다른 착시로 글을 시작한다. 이는 화가들도 종종 이용하는 것으로, 물체의 선명도가 거리 지각에 영향을 미쳐 물체가 흐릿할수록 더 멀리 있는 것처럼 보이는 착시이다. 일차 시각 피질은 보이는 물체의 길이, 양, 거리를 신속하게 판단하는 임무를 맡으며, 어림짐작과 계산 단축을 통해 이러한 판단에 도달하는데 이것이 휴리스틱이다. 일차 시각 피질에서 이루어지는 계산 과정은 휴리스틱을 사용하도록 진화해 왔는데 예를 들어 흐릿한 물체가 실제로 멀리 있을 개연성이 높기 때문이다. 아마도 그렇겠지만, 항상 그렇지는 않다. 시각 피질에 내재된 휴리스틱 덕분에 처리 속도가 빨라지는 대신 그에 따른 대가로 우리는 휴리스틱에 속아 넘어갈 수 있다. 예를 들어 안개 속을 운전하는 것은 위험한데, 시각 휴리스틱에 속아서 차가 실제보다 더 멀리 있다고 지각할 수 있기 때문이다. 모든 정신적 속임수가 그렇듯이 시각적 착각도 즐거움을 안겨 줄 수 있으며 이를 이용하여 재미 효과를 준 유명한 화가가 M. C. 에서였다. 그러나 시각적 착각은 우리가 사물을 볼 때 잠재적으로 위험한 편견을 초래할 가능성이 있다.

카너먼과 트버스키는 우리 눈에 보이는 것을 신속하게 정보 처리 하도록 돕는 이러한 시각 휴리스틱과 마찬가지로 인지 휴리스틱도 있을 것이라고 가정했다. 이는 집행 기능이 요구되는 인지 판단의 순간에 우리의 사고 속도를 높여 주는 정신 작용의 단축이라고 할 수 있다. 피고가 유죄인지 판단하는 배심원이나 어디에 투자할지 판단하는 주식 중개인이 이런 사례에 포함되는데 올바른 의학 진단을 판단하는 의사도 비슷한 유형이라고 할 수 있다. 이어서 저자들은 우리의 의사 결정 과정에서 관찰되는 몇 가지 인지 휴리스틱을 살펴본 뒤, 우리가 시각 휴리스틱 때문에 편향을 갖게 되어 시각 착오를 일으키고 착시를 경험하듯이 인지 휴리스틱으로 인해 비합리적으로 사고하고 잘못된 판단을 내리며 심지어는 인지 착각을 경험한다는 것을 입증했다.

시각 휴리스틱이 시각 피질의 계산 단축 요령에 의존한다면 인지 휴리스틱은 우리의 기억에 의존한다. 예를 들어 보자. 5×6은 얼마인가? 당신의 머리는 올바른 답이 30이라고 곧바로 판단하지만, 이는 전전두피질의 작업 기억이 5에 5를 더하고, 10에 5를 더하고, 15에 5를 더하고, 20에 5를 더하고, 25에 5를 더하는 느리고 지루한 계산을 실제로 실행해서 답을 얻은 것이 아니다. 그보다는 오히려 어린 시절의 해마 덕분에 초등학교 때 구구단을 암기했고 성인이 되어서도 전전두피질이 피질의 기억 저장소에서 그것을 그저 꺼내 오기만 하면 되었던 것이다. 암기한 구구단을 빠르게 떠올려 끌어내는 능력이 인지 휴리스틱의 예이며, 당신의 의사 결정 속도를 높여 주는 빠른 길이다.

우리의 머리는 인지 휴리스틱을 사용하는 방향으로 진화되어 왔는데, 우리가 더 빠르게 생각하고 중요한 결정을 내리도록 도와주기 때문이다. 그러나 이 연구 분야에서 얻은 가장 흥미로운 심리학적 통찰의 하나는, 신속한 사고가 굳이 필요하지 않은데도, 다시 말해 원하는 만큼 얼마든지 시간을 쓸 수 있어서 인지 휴리스틱에 굳이 의존하지 않아도 되는데도 우리는 이를 사용하는 것을 선호한다는 점이다. 이러한 성향을 갖게 된 단순한 이유는 우리가 인지적으로 게으르기 때문이다. 정말로 꼭 필요한 경우에만 마지못해 작업 기억을 사용한다. 15×16은 얼마인가? 빠르고 손쉬운 길이 없어서 실제로 정신 작업을 해야 하는 질문을 앞에 놓고 다 같이 짜증 섞인 한숨을 내뱉는 소리가 내 귀에까지 들린다.

우리는 인지 휴리스틱을 사용하는 것을 너무 선호하는 탓에 편견을 갖게 되어 잘못된 의사 결정에 이를 수 있다. 카너먼과 그의 연구진들이 나중에 나온 논문들에서 소개한 문제를 한번 풀어 보자. "배트와 공을 합친 가격이 1.1$이다. 배트는 공보다 1$가 비싸다. 공의 가격은 얼마인가?" 대다수 사람과 마찬가지로 당신도

'10센트'라고 답했다면 이는 당신 머릿속에 이 답이 먼저 떠올랐고 이를 대답으로 내놓을 만큼 충분히 자신했기 때문이다. 천천히 생각하면서 작업 기억을 일정 정도 사용하는 수고를 들였다면 이 대답이 옳을 리 없고 인지 착각임을 깨달았을 것이다. 10센트가 맞다면 배트 가격은 1.1$가 되어야 하고 그렇게 되면 합계는 1.2$가 된다. 작업 기억을 이용했다면 '5센트'가 맞는 답이라고 천천히, 그러나 확실하게 깨닫도록 해 주었을 것이다.

그러나 이 과정에서 당신 머릿속에 일어난 일 가운데 가장 흥미로운 부분은 당신이 말하지 '않은' 것 속에 있다. 비록 정도의 차이는 있겠지만 많은 사람들이 이 질문에 답하기 전에 '10센트'라는 답에 뭔가 잘못이 있을지 모른다고 느꼈을 것이다. 그렇다면 왜 그냥 답을 밀고 나가기로 결정했던 것일까? 15×16이라는 문제에 답할 때는 한번 틀리는 셈치고 답을 짐작해 볼 엄두조차 내지 않고 곧바로 작업 기억을 사용해야 한다고 깨달았으면서 말이다. 15×16은 우리 대다수에게 아무 기억 연상이 생기지 않는 수학 문제이지만 이와 달리 '공과 배트' 문제는 기억을 활용하도록 의도적으로 구성되어 있다. 익숙한 물건, 익숙한 돈 단위, 익숙한 어림수, 익숙한 거래 등으로 문제를 구성했다. 이런 모든 요소가 미끄러운 기름처럼 문제 속에 숨어 있던 탓에 우리 대다수는 인지 휴리스틱에 걸려 미끄러져 넘어지며 '10센트'라고 대답했던 것이다.

수학을 싫어하는 사람들이라면 인지 휴리스틱의 편견이 수학적 판단에만 국한된다는 생각이 들기 시작할 텐데 그렇다면 다음 문제에 답해 보라. 뉴욕과 펜실베이니아 중 어느 주의 주도에 더 높은 빌딩이 많은가? 대다수 사람은 섣불리 '뉴욕'이라고 틀린 답을 내놓을지 모른다. 천천히 머리를 써 보면 뉴욕의 주도는 올버니이고 이곳은 펜실베이니아의 필라델피아보다 높은 빌딩이 적다는 기억을 꺼내 올 수 있었을 테지만 전전두피질이 기억 저장소에서 더 소란스러운 뉴욕시를 재빨리 꺼내 온 것이다.

의사 결정 분야에서는 이런 유형의 문제 목록을 만들어 냈고 이를 통틀어 '모세의 착각'이라고 일컫는다. 이들 문제의 핵심을 구체적으로 알려 주기 위해 가장 흔히 이용되는 질문이 바로 "모세는 동물들을 한 종당 몇 마리씩 방주로 데려갔는가?"라는 물음이기 때문이다. 대다수 사람은 곧바로 "두 마리"라고 대답하겠지만 조금만 천천히 생각하면서 심사숙고해 보면 많은 사람이 마음을 바꾸고 올바른 대답이 사실은 '0'이라는 것을 깨달을 것이다. 나무 방주에 동물을 한 쌍씩 데려간 것은 모세가 아니라 노아였다. 구약성서에 관한 지식을 알지 못한 채 자라서 이 이야기에 대한 기억이 없는 사람은 이 기억을 이용하는 빠른 길의 함정에 빠지지 않고 가령 백과사전이나 구글을 이용하는 등 느린 사고에 의존하여 올바른 답에 이를 것이다. 일반적으로 모든 유형의 의사 결정에서 느린 거북 뇌가, 성급하고 자신만만한 토끼 뇌를 이긴다.

의사 결정 분야에서는 우리의 인지적 판단이 크든 작든 왜 늘 완전하게 합리적이지 못한지에 대한 기존의 오래된 설명을 반박해 왔다. 카너먼과 트버스키의 1974년 논문이 나오기 전까지 우리는 우리의 감정으로 인해 인지적 판단에 편향이 생길 수 있다고 믿었다. 이 믿음에는 인지 문제에 대해 순전히 인지적 사고로 냉정하게 접근할 수 있다면 합리적 의사 결정이 이길 것이라는 가정이 깔려 있었다. 그러나 이 논문은 너무도 획기적으로 우리의 순수한 인지적 사고 속에 휴리스틱이 내재해 있음을 입증했다. 빗대어 설명하자면 시각적 착각의 함정에 빠지는 것이 다른 뇌 부위의 부당한 영향 탓이라고 말하지 않는 것과 같다. 시각 피질이 시각 정보를 처리하는 방식에서 시각적 착각이 생겨나는 것과 마찬가지로 인지 착각도 우리의 감정 때문에 생기는 것이 아니라 기억에 의존하는 인지적 사고의 처리 방식 자체에 내장되어 있는 것이다.

유난히 이성적인 친구인데도 터무니없이 비이성적인 의사 결정을 내리는 경우를 우리 모두 한번쯤 목격했다. 인지 함정에 미끄러져 넘어질 때 웃기거나 혹은 별다른 피해 없이 그저 어처구니없다면 이를 정신의 바나나 껍질과 같다고 할 수 있겠고, 그렇지 않은 경우라면 부비 트랩과 같다고 할 수 있을 것이다. 그러나 우리 모두 똑같이 인지 함정을 지니고 있음에도 자기 자신의 것보다는 다른 사람의 것이 더 잘 보인다. 이러한 함정은 개개인마다 다른 지문이나 망막 같은 것이 아니다. 오히려 인지 휴리스틱과 그로 인한 편견은 우리의 심리 구조 안에 들어 있는 일반적인 것이다.

그러므로 나는 좋지 못한 해마 기능이 의사 결정 과정에서 어느 정도의 역할을 할 수 있는지 알고자 했던 닥터 X의 질문에 가장 잘 대답해 줄 수 있는 사람으로 카너먼을 택했다. 그를 개인적으로 아는 동료 한 명이 있어서 우리가 연락을 취할 수 있게 해 주었다. 나의 공식적인 제안을 받은 카너먼이 그리니치빌리지에 있는 자신의 집으로 나를 초대해 주어 기쁘게 응했다. 그의 꼭대기층 아파트에서는 뉴욕대학교가 내려다 보였다. 창밖을 내다보던 나는 뜻밖에 현재와 과거가 하나의 고리로 이어지는 놀라운 회고적 기분에 빠졌다. 뉴욕대학교 심리학과 학부 시절에 나는 우리에게 보이는 것이 정신의 감정 상태로 인해 어떤 편견을 보일 수 있는지 논한 첫 번째 논문을 발표했다. 그 당시 나는 카너먼의 선구적 연구를 당연히 알고 있었다. 그리고 몇십 년이 지나 이렇게 대가와 함께 편견에 대해 논하기 위해 와 있었다.

그는 자신을 대니라 부르라고 권하며 정중하게 나를 거실로 안내했다. 우리 둘은 바닥에서 천장까지 책이 꽂혀 있는 거실에 자리를 잡고 앉았다. 나는 한쪽에 놓인 커다란 입체주의적 소파에, 그는 똑같이 생긴 맞은편의 소파에 앉았다. 나는 분명 시간이 제한적일 것이라고 예민하게 의식한 탓인지, 아니면 아마도 조금 긴장한 탓인지 바로 본론으로 들어가 내가 방문한 이유를 자세하게 설명했다. 마침내 숨을 돌린 나는 급하게 쏟아낸 문장들이 메아리치는 것을 들으며 또 한 번 메타 인지의 순간을 맞았고 내가 너무 말이 많았던 것은 아닌지 걱정했다. 대니는 따뜻한 미소를 엷게 머금은 채 차분하게 말했다. "이야기를 하려고 온 거 아닌가요?" 그리하여 우리는 첫 번째 대화를 이어 갔고 이후 그의 아파트에서, 혹은 그가 자주 찾는 동네 식당에서 몇 차례 대화를 이어 가며 의사 결정에 대해, 그리고 기억의 영향에 대해, 우리 마음이 바뀌는 데 개입하는 요인들에 대해 이야기했다.

나를 편안하게 해 주려던 그의 첫 반응이 단지 지나치게 열성적인 학생을 어떻게 진정시켜야 하는지 아는 인기 교수의 정중한 태도만은 아니라는 것을 깨닫게 되었다. 오히려 그의 전반적인 태도는 설령 의견이 일치하지 않는 핵심을 토론할 때조차 매우 배려 깊고 상대의 불안을 덜어 주었다. 팔십 대의 나이인 대니가 이처럼 종교인 같은 품성을 지닌 덕분에 한평생 우리 정신의 함정을 파헤치면서 학자로 살아온 것이라는 생각이 들었다.

암묵 기억의 위험성

한 가지 사고실험을 해 보려고 한다. 이 실험에서는 순전히 신경학적으로 설정된 인물이 의사 결정 상황에 놓일 것이다. 당신이 대테러 특수 기동대 대원이라고 상상해 보라. 어느 늦은 오후 당신은 한 지방대학으로 출동하게 되며 그곳에는 무장한 백인 우월주의자들이 도서관에서 인질을 억류하고 있다. 사이렌과 함께 전속력으로 달리는 특수 기동대의 검은색 밴을 타고 가면서 당신과 팀원들이 도서관 설계도면, 입구와 출구, 추정되는 인질 수 등 모든 관련 정보를 암기하는 동안, 당신의 편도체는 해마가 빠른 작동에 들어가도록 한다. 무엇보다 중요한 테러리스트 용의자 세 명 중 두 명의 사진 정보가 입수되었다. 도착하는 즉시 당신과 팀원들은 도서관 바로 바깥쪽에 집결하여 장비를 다시 확인한 뒤, 도서관 정문 양쪽에 조용히 몸을 숨긴다. 협상이 잘 풀리지 않고 인질이 긴급한 위험에 빠졌다고 여겨지자 당신의 지휘관이 신호를 보낸다. 당신을 비롯한 팀원들은 문을 밀치고 섬광 수류탄을 던진 뒤에 안으로 밀고 들어간다. 몇 초 안에 당신은 도서관을 둘러보고 범인을 확인한 다음, 총을 쏠지 말지, 누구에게 어떻게 쏠지 결정해야 한다. 백인우월주의자와 인질을 구분한 다음, 인질에게 피해가 가지 않으면서 백인우월주의자들을 무장해제할 가장 안전한 방법을 파악해야 한다. 이제 혈액 속에 코르티솔과 아드레날린 수치가 치솟지만 편도체의 과잉 활성화를 조절하는 것은 쉬운 문제에 속한다. 다년간에 걸친 훈련과 경험의 결과다. 이보다 어려운 문제는 의사 결정이다. 그리고 무엇보다 잘못된 판단으로 인질을 실수로 죽일 경우에 당신이 느끼게 될 후회가 당연히 가장 힘든 점이다. 당신의 행동이 모두 옳았고 정식 조사에서 당신에게 아무 책임이 없다고 판정하더라도 후회는 남을 것이다.

　테러리스트 한 명은 사진과 꼭 닮았다. 그가 당신 팀에 소총을 겨눈 채 내리려 하지 않자 당신은 총을 쏘기로 한다. 내부에 있는 문 부근에 두 번째 테러리스트라고 생각되는 남자 한 명이 서 있는데 사진과 달리 지금은 얼굴이 턱수염으로 덮여 있다. 확신이 서지 않아 망설이지만 당신의 머리는 유연해서 범인 식별용 증명사진을 바탕으로 그를 알아본다. 또 그가 서 있는 문이 도서관 출구 중 하나인 것을 확인하고는 필시 보초일 것이라고 여긴다. 당신의 머리는 이 두 가지 사실을 바탕으로 빠르게 계산하고 당신이 두 번째 테러리스트를 알아본 것이라고 확신한다. 총을 내리라고 요구해도 그가 말을 듣지 않자 당신은 총을 쏜다.

세 번째 테러리스트가 있다는 것은 알지만 누가 그일까? 이번에는 확신이 거의 없는 채로 어림짐작을 한다. 여자보다는 남자일 가능성이 높고 유색인종보다는 백인일 가능성이 높다. 또한 백인 우월주의자는 종종 삭발을 하고 검은 가죽옷을 입는 경향이 있다고 알고 있다. 한 사람 한 사람씩 훑어보면서 개연성을 빠르게 점검하다가 마침내 도서관 안쪽에서 세 번째 테러리스트일 것이라고 판단되는 사람을 구분한다. 때마침 그가 가죽 재킷 안으로 손을 넣어 권총으로 짐작되는 것을 꺼내려 한다. 그리하여 당신은 총을 쏜다. 그런데 알고 보니 당신이 틀렸다. 무고한 대학생을 실수로 죽인 것이다.

매번 총을 쏠지 말지 결정을 내릴 때마다 이 의사 결정은 당신의 전전두피질에서 이루어지는 집행 기능을 통해 처리되는데,

확신의 수준이 일정 한계를 넘어설 때 당신의 결정을 승인한다. 첫 번째 결정에서는 테러리스트 사진에 대한 기억이 너무도 분명했기 때문에 전전두피질이 수고할 필요가 없었다. 두 번째 결정에서는 확신이 그다지 강하지 않은 두 가지 관찰을 가늠하기 위해 숙고의 과정, 다시 말해 전전두피질의 수고가 필요했다. 사진 속의 남자를 알아보았다고 여겨지지만 용의자의 턱수염 때문에 확신할 수 없었다. 머릿속으로 도서관의 지도를 돌려 본 결과, 당신의 전전두피질은 이 용의자가 아마 보초일 것이라고 추론했다. 각각의 관찰 하나만으로는 방아쇠를 당길 만큼 확신하는 수준에 이르지 못했을 수 있지만 두 가지를 종합하면 그 수준을 충족했다.

그렇다면 당신의 전전두피질은 무엇 때문에 세 번째 테러리스트를 잘못 판단하고 안타깝게 오인하는 비극에 이르렀던 것일까? 주된 요인은 이른바 '연상에 의한 선호'라고 일컬어지는 인지 휴리스틱의 한 형태였다. 세 번째 테러리스트 사진을 본 적 없으므로 그에 대한 실제 기억이 없었다. 그럼에도 당신은 백인우월주의자의 생김새와 관련하여 오랜 시간에 걸쳐 기억 연상의 연결망을 형성해 왔다. 그리하여 어쩔 수 없이 결정해야 할 때 확실한 지식이 없는 상태에서 당신의 전전두피질은 이런 연상의 연결망이 미치는 강한 영향으로 인해 편견을 갖게 되었다.

이런 특정 인지 휴리스틱은 흔히 광고에서 이용된다. 어떤 제품을 살지 결정할 때 우리는 그 제품과 함께 등장하는 것에 무의식적으로 영향을 받는다. 포토샵을 할 줄 안다면 같은 자동차 사진 두 장을 다운로드하여 그중 한 장에 래브라도 리트리버 사진을 넣어 보라. 친구에게 두 장의 사진을 보여 준 뒤, 어느 쪽 자동차가 더 좋은지 빠르게 판단해 보라고 하자 사랑스럽고 매력적인 래브라도 리트리버와 관련해 이전에 형성되어 있던 기억 연결망에 의한 편향 때문에, 개를 좋아하는 거의 모든 사람은 개가 있는 사진 속 자동차를 선택하게 될 것이다.

심리학자들이 해마의 도움으로 형성된 의식적 기억을 맨 처음 규정할 때 이를 '외현 기억'이라고 일컬은 것을 기억할지 모르겠다. 우리가 외현 기억의 연상 연결망을 흔히 의식적으로 알고 있기 때문에 이렇게 일컬은 것이다['외현 기억'은 '명시적 기억'이라고도 옮길 수 있다-옮긴이]. 예를 들어 어린 시절에 알던 친구를 기억해 보라고 하면 당신은 그들의 이름, 성격적 특징, 처음 만난 시기와 장소 등을 명시적으로, 의식적으로 떠올릴 수 있다. 이와 달리 연상에 의한 선호는 암묵 기억implicit memories의 한 예인데, 가령 자동차와 개의 기억 연상이 암묵적으로, 무의식적으로 형성되었기 때문이다. 광고에서는 이렇게 알지 못하는 사이에 영향을 미치는 암묵 기억의 특성을 자주 활용하는데, 소비자는 연상을 의식하지 못하는 상태여서 편향된 선호를 그대로 따를 가능성이 크다.

암묵 기억은 여러 가지 다른 방식으로도 당신의 결정에 아주 강한 영향을 미칠 수 있다. 이 과정이 어떻게 이루어지는지 보여 주는 유명한 예가 있다. "'SO_P'를 볼 때 머릿속에 가장 먼저 떠오르는 단어를 말해 보라"고 내가 당신에게 요구했다고 상상해 보라. 만일 내가 이전에 은밀하게 음식을 언급한 적 있다면 이는 머릿속에 암묵적으로 심어져 당신이 의식하지 못하는 상태이므로, 이러한 이전 기억의 영향으로 "SOUP(수프)"라고 말할 가능성이 높아질 것이다. 내가 당신의 기억 속에 청결에 대한 언급을 심어 놓았다면 당신의 전전두피질은 "SOAP(비누)"를 떠올릴 가능성이 더 높다. 이러한 '기억 점화'가 당연해 보일지 모르지만, '배트와 공' 문제를 떠올려 보라. 이 문제는 당신이 암묵 기억을 활용하도록 익숙한 물체를 사용하여 틀린 답을 내놓을 수밖에 없게 의도적으로 설계되었다.

외현 기억과 암묵 기억으로 나누는 심리학의 이러한 이분법은 기억에 관한 전통적인 신경학과도 일치했다. 앞 장들에서 살펴보았듯이 신경학적으로 외현 기억은 해마에 의존하여 형성되는 기억이라고 규정되었다. 이와 달리 암묵 기억은 해마 및 그 기능과 완전히 독립되어 생기는 기억들을 포함하는 것으로 규정되었다. 이 견해에 따르면 특수 기동대 팀원으로서 당신이 내린 처음의 두 가지 옳은 결정은 해마 의존적인 외현 기억을 바탕으로 이루어졌으며 따라서 당신의 전전두피질이 비교적 쉽게 결정할 수 있었다.

그러나 1974년에 발표된 대니의 중요한 논문 제목에 나타나 있듯이 의사 결정 분야의 연구자들에게 더 흥미로운 것은 '불확실한 상황에서의 판단'이다. 휴리스틱으로 인해 우리가 주로 해마 비의존적 암묵 기억을 바탕으로 잘못된 판단을 내리고 '실수'하는 것은 불확실한 상황에서 일어나는 일이기 때문이다. 이러한 생각이 적어도 2012년까지는 일반적인 가정이었다. 그러나 2012년 의사결정 연구의 신전까지 순식간에 올라온 연구가 있었고 이 연구에서 그렇지 않다는 것을 보여 줌으로써 이런 일반적인 가정은 뒤집어졌다.[7]

이 연구는 대니가 인지 휴리스틱의 심리학을 처음 소개했던 바로 그 권위 있는 잡지 《사이언스》에 발표되었으며, 연상 휴리스틱에 의한 선호가 해부생물학적으로 어떻게 이루어지는지 기능적 자기공명영상Functional MRI, fMRI을 이용하여 보여 주었다. 이 연구는 해마가 관련되어 있을 뿐 아니라 실은 해마가 암묵 기억 연상의 형성에 개입하여 이를 '촉진한다'는 것도 알아냈다. 모든 범위에 걸쳐 피험자의 해마 활동성이 높을수록 연상 휴리스틱에 의한 선호로 편향성을 보일 가능성이 높고, 해마 활동성이 낮을수록 성급한 결정을 내릴 가능성이 낮아진다.

그 후에 이어진 다른 여러 연구에서도 이런 내용이 확인되어 우리의 이해에 커다란 변화를 가져오게 되었다. 분명 외현 기억과 암묵 기억 둘 다 해마 의존적일 수 있다. 이제 우리는 전전두피질의 판단을 돕는 인지 휴리스틱이 대부분까지는 아니라도 많은 부분 해마 기능에 의해 촉진된다고 여긴다.[8] 이는 대체로 이점이 많아서 가령 차를 살 때 당신이 주로 운전하는 곳의 지형이나 기후 조건에 대한 외현 기억을 갖고 있으면 도움이 된다. 그러나 해마는 무의식적인 인지적 미끼를 생성하여 우리가 편향성을 갖고 잘못된 결정을 내리도록 만들 수도 있다. 예를 들면 광고에서 보았던 사랑스러운 개를 암묵적으로 연상함으로써 차를 구입하게 만드는 경우다.

'겸손한 기억'은 가능한가

대니는 가령 닥터 X의 예처럼 해마 기능이 약한 사람은 미끼를 물 가능성이 더 낮다는 함축적 의미가 2012년에 나온 연구의 발견 속에 들어 있다는 데 동의했다. 이는 연구의 저자들도 대체로 동의하는 바다. 그렇다면 닥터 X와 같은 해마 분석 기록을 가진 사람, 다시 말해 자신의 기억에 대해 확신이 작은 사람은 틀린 결정에서 옳은 결정으로 마음을 바꾸는 성향이 더 강할까? 이에 대해 대니에게 물었다. 특수 기동대 사례에서 당신이 세 번 중 두 번 옳은 결정을 내릴 때 해마 기능의 도움을 받은 반면, 세 번째에 잘못된 판단으로 비극적 결말을 낳았을 때에는 해마 때문에 곤란함을 겪었다는 것을 상기해 보라.

대니는 확신이 의사 결정의 중심을 이룬다고 동의했다. 의사 결정 분야에서 사용하는 용어로는 '인지적 성찰'이라고 하는데 우리는 이 과정을 통해 결정에 대해 숙고하고, 행동하기 전에 우리가 어느 정도 확신하는지 판단한다. 대니의 설명에 따르면 이러한 유형의 메타 인지에 속하는 것이 무엇인지 알고자 하는 것이 그의 분야에서 중요한 탐구 과제이자 활발하게 연구가 진행되는 영역이다. 그러나 결정하기 전에 시간을 더 많이 갖는가 하는 문제가 반드시 핵심 쟁점은 아니라고 했다. 빠르게 생각하는 사람도 망설이고 자기 성찰을 하며 그때그때 결정을 바꾼다.

인지적 성찰은 분석적 사고와 수학에 능숙한 사람이 왜 '배트와 공' 유형 문제에 옳은 대답을 내놓을 가능성이 높은지 이유를 설명하는 데 이용되어 왔다. 자기 성찰은 전전두피질의 우월한 기능을 바탕으로 이루어지며 해마의 유익한 영향이든 편향된 영향이든 이와 완전히 독립적으로 이루어진다고 해석되었다. 특출한 수학적 머리는 휴대용 계산기처럼 기능한다. 이러한 머리를 지닌 사람이라면 '5×16=245'가 틀렸다고 판단하는 일이 '5×6=40'이 틀렸다고 판단하는 일만큼이나 쉬우며 기억에 기반한 인지 휴리스틱에 의존할 필요가 없다. '배트와 공' 문제가 아무리 기만적으로 영리하게 짜여져 우리를 속이고 암묵 기억에 걸려 실수하도록 만들어도, 이들의 분석적 머리는 '10센트'가 틀린 답일 가능성에 대해 경고하는 지시자를 내적으로 갖고 있다. 인지 휴리스틱이 우리를 속여 처음의 판단이 옳다고 생각하게 만들 수 있지만, 우월한 기능을 지닌 전전두피질은 뭔가 틀렸다고 느끼고 처음의 충동적 판단을 무시할 가능성이 높다. 닥터 X의 인지 분석 기록을 검토한 대니는 닥터 X의 유연한 머리가 느리든 빠르든 상관없이 전전두 피질의 우월한 기능과 연관이 많으며 해마의 열등한 기능과는 연관이 적을 개연성이 있다고 보았다.

그러나 나는 당사자인 닥터 X가 없는 자리니만큼 그의 가정을 대신 옹호해야 할 것 같은 필요를 느꼈다. 평균 이하의 해마 기능 때문에 자신의 의사 결정 능력이 향상되었다는 가정 말이다. 수학적 역량에 따라 많이 좌우되는 '배트와 공' 유형의 문제는 불공정한 편향성을 띠는 것이 아닐까 하는 의문이 들었다. 의사 결정 과학을 연구하는 사람들이 사용하는 도구 가운데 모세의 착각 문제를 변형한 것들이, 필요에 의해 우리의 기억에 더 많이 의존한다는 점에서 닥터 X의 의학적 의사 결정에 더 가까운 것 같아 보였다. 나는 모세의 착각을 다룬 문헌들 가운데 많은 논문이 난독증을 지닌 피험자를 제외한 점에 주목했다. 아마도 난독증이 있는 뇌는 독해 능력을 신뢰하지 않는 경향이 있으므로 맨 처음 읽은 내용을 곧바로 믿을 가능성이 적기 때문일 것이라고 추측했다. 다시 말해서 '독해의 겸손'을 더 많이 갖추었으므로 문장을 다시 읽을 가능성이 더 클 수 있다는 것이다. 이 경우는 설령 처음에 인지 휴리스틱에 걸려 실수했더라도 마음을 바꿀 가능성이 더 컸다.

내 주장을 더 강화하기 위해 나는 착시로 시작했던 대니의 독창적인 1974년 논문으로 돌아갔다. 내가 안경을 끼지 않은 상태에서 착시를 보게 된다면, 그리하여 이제 모든 것이 흐릿하게 보이는 상태라면 나는 시각피질의 휴리스틱에 의존하여 걸려들 가능성이 더 낮을 수 있다. '시각적 겸손'을 더 많이 갖추었을 테고 흐릿한 물체가 더 멀리 있다고 결론 내릴 가능성이 더 낮을 것이다. 그러므로 탁월한 해마 기능에 확신을 가진 사람과 비교할 때 닥터 X처럼 확신을 갖지 못한 사람은 처음에 내린 결정을 깊이 숙고하고 '지적 겸손'을 더 많이 보이며 더 신중하게 진실을 추적하는 경향을 보일 것이다. 대니는 이 주장이 흥미롭다고 여기면서도 의사 결정에 관한 대다수 연구에서 입증한 바로는 분석적인 전전두피질의 기능이 좋을수록 더 나은 결정을 내리는 상관성이 있다고 강조했다.

  우리가 내린 의사 결정에 대해 얼마나 잘 성찰하는가는 우리 뇌의 분석적 집행 분야가 얼마나 강한가에 달려 있다는 것이 지금까지의 일반적인 해석이었다. 그러나 획기적 발견이었던 2012년의《사이언스》논문 이전에 발표된 대다수 연구에서는 해마를 완전히 도외시했고 따라서 성찰 과정에 일정한 역할을 하는 것이 강한 기억력인지 약한 기억력인지도 고려하지 않았다.[9] 불확실한 상황에서 의사 결정을 할 때 중요한 것이 암묵 기억인데도 우리는 당연히 암묵 기억을 의식하지 못하므로 자기 성찰과 아무 관련이 없는 것으로 여겨 왔다. 이제 해마의 도움으로 형성되는 것이 암묵 기억이든 외현 기억이든 해마 기능이 강할수록 인지 휴리스틱에 걸려들 가능성이 많다는 것을 알게 되었으니 다음 세대 연구에서

는 해마 기능을 측정한 수치를 포함하는 것이 중요해졌다. 장차 전
전두피질과 해마의 기능을 모두 측정하여 진행하는 연구만이 닥
터 X가 제기한 흥미로운 문제, 즉 해마 기능이 약한 사람일수록 올
바른 의사 결정을 내리기 쉬운가의 문제에 답할 수 있을 것이다.
대니는 우리가 의사 결정을 어떻게 스스로 성찰하는가에 관한 연
구야말로 현재 이 분야가 나아가고자 하는 방향이라는 점을 다시
강조했다.

전전두피질은 월등하게 좋지만 해마는 월등하게 나쁜 닥터 X
의 특수한 인지 분석 기록은 의학적 의사 결정에 완벽하게 맞춰 측
정한 것이다. 대니는 전전두피질의 수치가 올바른 의사 결정과 관
련 있다고 시사하는 많은 연구의 영향을 받았으므로 닥터 X의 우
월한 전전두피질이 더 지배적인 힘을 미쳤다고 생각했다. 그러나
의사 결정에서 해마가 어떤 기능을 하는지 평가한 연구가 부족하
다고 해서 해마가 아무 역할을 하지 않는다는 의미는 아니다.

대니와 나는 이야기를 마무리하면서 지적 겸손이라는 관념
에 대해 더 전반적인 논의를 했다. 대니는 인지 분석 기록, 그중에
서 특히 상대적으로 부족함을 보이는 부분이 지적 과신이나 오만
등 진리를 탐구하거나 추적하는 데 해로운 성격 특징을 완화해 줄
수 있다고 동의했다. 그러나 마음을 잘 바꾸는 성향의 사람을 규
정하는 데 '겸손'이라는 용어를 사용하는 것에 대해서는 불만을 나
타냈다. 그는 확실한 근거가 있을 때 마음을 바꾸는 것만큼 즐거

운 일은 없다고 주장했고 나 역시 그렇게 느낀다고 수긍했다. 정당한 근거가 있을 때 마음을 바꾸는 일은 우리에게 기쁨을 안겨 주므로 '겸손'처럼 미덕이라고 여겨지는 표현을 붙이는 것은 잘못된 찬사일 위험이 있다는 데 우리는 동의했다. 도덕적 의미가 담긴 '겸손'보다는 '의심'이라는 단어가 더 적합할 것이라고 말이다. 촌각을 다투는 순간에 정확한 의사 결정을 내려야 할 때 의심하는 정신이 도움이 되든 그렇지 않든 간에, 최종적인 진실을 얻는 데 도움이 되는 것은 확실하다.

이 무렵 대니와 대화를 나누는 일이 한결 편안해진 나는 어쩌면 우리 둘 다 전문 분야 때문에 편향성을 보이는 것 같다고 약간의 장난기를 담아 지적했다. 대니 자신과 가장 가까운 초기 동료들 중 많은 사람이 수학을 배경으로 연구해 왔으므로, 그가 전전두피질에 대해, 그리고 의사 결정 과정에서 나타나는 전전두피질의 분석 능력에 대해 더 많은 중요성을 부여하는 경향이 있는 것은 아닌지 의문이 들었다. 이와 대조적으로 나는 '해마 중심적'이므로 해마를 지배적인 역할자로 보는 경향이 강했다. 대니는 특유의 침착성을 유지한 채 나의 미끼를 물지 않았다.

진실 탐구의 여정이 끝나자 나는 약속한 대로 닥터 X에게 연락했고 함께 커피를 마시면서 내가 알게 된 것들에 대해 요약해서 설명했다. 닥터 X의 의사 결정 능력을 높이는 데 지배적 역할을 한 것이 매우 탁월한 전전두피질이라는 대니의 생각도 전해 주었다.

또한 이 결론에 대해 조건을 달면서, 적절하게 설계된 연구가 없는 상태이므로 닥터 X의 가설, 즉 좋지 않은 해마 기능이 올바른 의사 결정과 관련 있다는 가설이 틀렸는지 아닌지는 아직 실증적으로 알려지지 않았다고 말했다. 그리고 그의 의문이 어쩌면 그에게는 너무도 단순하고 복잡하지 않은 것처럼 보일지 몰라도 현재 이 분야에서는 가장 첨단에 있는 과제라는 사실을 위안 삼으라고 덧붙였다.

'지적 겸손'이라는 용어가 적절하지 않을 수 있으며 '지적 의심'이 더 적합할 것이라는 대니와 나의 생각에 닥터 X는 동의하지 않았다. 그는 이타주의를 둘러싼 비슷한 논쟁을 언급하면서, 자선 행위를 통해 스스로 기쁨을 얻을 수 있으니 이 행위가 반드시 미덕은 아니라고 주장하는 사람들을 예로 들었다. 이들과 달리 닥터 X는 이타적인 행위를 통해 어떤 부차적인 이득을 얻었더라도 본래의 행위 그 자체로 미덕이 된다는 견해를 지지했고 지적 겸손도 마찬가지라고 했다. 나는 이의를 제기할 수 없었다.

Chapter 7

알츠하이머병과 향수병

　어느 오후 나는 병원 대기실로 가서 조앤에게 인사했다. 84세인 그녀는 교사직을 은퇴하고 현재 오하이오에 살고 있으며 딸이 그녀의 치매 검사를 대신 예약해 주었다. 조앤은 마닐라 서류철이 쌓여 있는 의자 옆자리에 혼자 조용히 앉아 있다가 부드럽고 안정적인 목소리로 자신을 소개했다.

　처음에 나는 조앤이 혼자 병원을 온 모양이라고 걱정했다. 알츠하이머병과 관련 장애의 전문가인 우리는 흔히 환자들이 여기 오기 전에 받은 다른 의사의 진단, 심지어는 또 다른 의사의 진단까지 제시하는 것을 보는 경우가 많다. 그래서 대체로 병원 직원들은 환자에게 치매가 있을 수 있다는 가정하에 일을 하며, 가족이나 가까운 친구가 함께 병원에 와 달라고 요청한다. 병이 해마 밖까지 번져 피질의 기억 저장 영역까지 침범한 경우에 우리는 함께 온 보호자에 의존하여 환자의 발병 이전 인지 능력이나 초기 인지 증상, 그리고 독립적인 생활 가능 여부에 관한 기록을 작성한다. 맨해튼 북부 외곽에 위치한 우리 센터를 찾아와 건물의 복잡한 미로를 따라 우리 진료실이 위치한 뉴욕신경학연구소까지 오는 데도 보호자의 도움이 필요할 수 있다. 그래서 예약일 전날 병원 직원이 환자와 보호자에게 전화 연락을 해 진료실까지 찾아오는 길을 알려 주고 관련 의료 기록을 모두 챙겨 오라고 다시 일깨운다.

나는 조앤 혼자 온 것인지 정중하게 물었고 그녀는 딸 바버라와 함께 왔다고 대답했다. 그러면서 안내데스크 쪽을 가리켜 내 담당 직원과 열심히 이야기하고 있는 사람이 바버라라고 알렸다. 두 사람은 우리 병원의 주차 문제를 개선하는 방법에 대해 이야기하는 것 같았다. 나중에 직원이 알려 준 바에 따르면 바버라는 우리보다 앞서 예약일 이틀 전에 전화를 걸었으며 보아하니 진료일을 우리에게 일깨우려고 한 것 같았고 진료실을 찾아오는 방법에 대해 별도로 도움을 주지 않아도 되었다. 그녀는 이미 기억장애센터의 건물 지도와 연구소의 층별 안내도까지 인쇄해 놓은 상태였다.

알츠하이머병은 유전될까?

맨해튼의 금융회사에서 애널리스트로 근무하는 바버라는 탁월한 관리 능력을 지니고 있어서 환자의 과거 이력을 알려 주기에 완벽한 사람이었을 뿐 아니라 이상적인 딸이기도 했다. 바버라는 오하이오주 데이턴에서 자랐으며 어머니 조앤은 이곳에서 인기 있는 초등학교 교사로 근무하다가 60대 초반, 남편이 사망하기 직전에 은퇴했다. 바버라와 남동생이 이곳을 떠날 때 조앤은 대가족 저택에서 계속 살겠다고 했다. 그녀는 남의 도움을 거의 받지 않고도 이 저택을 깔끔하게 관리했다.

조앤이 78세 되던 해 추수감사절을 맞아 바버라와 남동생이 집을 찾았을 때 미묘한 변화를 감지했는데, 되돌아보니 이때가 이후 계속된 어머니의 인지 퇴화를 처음으로 어렴풋이 알아챈 시점인 것 같다고 했다. 어머니는 가족 사이에서 유명한 칠면조 요리에 반드시 들어가야 하는 밤을 깜빡 잊고 사지 않았으며 주방 탁자 위에는 연체된 공과금 고지서가 쌓여 있었다. 밀린 고지서가 이렇게 흩어져 있는 것은 꼼꼼한 조앤에게 볼 수 없었던 이례적인 일이었다. 바버라와 남동생은 어머니가 추수감사절 준비에 온 정신이 가 있고 이제는 사위와 며느리, 손자까지 늘어난 가족이 다 함께 모이니 흥분해서 실수한 것이라고 여겨 어머니의 실수를 무시했다.

그러나 조앤의 인지 관련 증상은 점점 심해지기 시작했다. 일주일에 두 차례 어머니와 대화를 나누는 바버라는 걱정스러운 수준의 기억 이상을 알아차리기 시작했다. 그 전날에는 '여자 친구들'과 매주 만나는 점심 약속을 잊었고 손녀 중 한 명이 곧 고등학교 졸업이라는 사실도 잊었다. 어느 일요일, 같은 교구에 있는 친구 한 명이 바버라에게 전화를 걸어 조앤이 오랫동안 다닌 교회로 차를 몰고 오는 도중에 길을 잃었다고 알려 주었다.

이 시점에 이르자 바버라는 비행기를 타고 집으로 가서 조앤이 1차 진료 의사와 지역 신경과 의사에게 진단을 받도록 했으며 이들은 각각 몇 가지 혈액 검사와 MRI 촬영을 진행했다. 조앤은 '경미한 인지 손상'이라는 진단을 받았고 알츠하이머병 약을 먹기 시작했다. 이 약이 별다른 효과를 보이지 않고 조앤의 인지 기능이 더 나빠지기 시작하자 바버라는 어머니가 뉴욕에 와서 우리 센터의 진단을 받도록 예약했다. 내가 처음에 조앤 옆자리에서 보았던 파일 더미에는 최근에 진행한 검사 결과 복사본뿐 아니라 조앤이 1차 진료 의사, 산부인과 의사, 그리고 뺀 발목을 치료한 정형외과 의사로부터 받은 지난 수십 년의 진단서도 들어 있었다. 우리 입장에서는 자료가 많을수록 좋았고 바버라는 이들 복사본을 연도별로 깔끔하게 정리하여 자신의 맨해튼 집에 모두 보관하고 있었기 때문에 손쉽게 가져올 수 있었다.

이전에 진료한 의사들은 모두 정확한 혈액 검사를 진행했고 모두 음성 결과가 나왔다. MRI 사진 상태도 매우 좋았다. 축소 상태로 보았을 때 뇌졸중이나 출혈, 종양, 그 밖의 구조적 병소는 보이지 않았다. 양쪽 해마를 확대하여 본 결과, 내가 예상했던 것보다 작았고 이는 알츠하이머병을 시사하기는 하지만 진단 징후는 아니었다. 진료상의 인지 평가로는 해마가 주된 해부학적 근원으로 짐작되었다. 완벽한 치매 진단에서 단 하나 빠진 부분은 신경심리학적 검사였고, 우리는 조앤이 뉴욕을 방문했을 때 이 검사를 진행하기로 일정을 잡았다.

신경심리학적 검사를 진행한 결과, 조앤의 주된 문제는 해마에 있는 것으로 확인되었다. 더욱이 1장에서 보았던 칼과 달리 조앤의 해마 기능은 심각하게 손상되어 있었다. 아울러 과거의 기억이 저장되는 피질 중앙 허브의 기능에 이상이 생기기 시작했다고 암시하는 미묘한 결함이 발견되었다. 조앤의 병은 해마 밖까지 퍼져 죽음을 향한 진행이 시작되고 있었다.

뚜렷한 과거 이력과 확실한 검사 결과로 확인되는 조앤 같은 간단한 사례의 임상 진단은 신경과 레지던트나 내가 가르치는 제자들도 내릴 수 있을 것이다. 어쩌면 이 책을 다 읽고 난 뒤에는 당신도 진단을 내릴 수 있을 것이다. 우리 의학센터의 전문 기술은 이보다 복잡한 사례나 희귀한 인지 감퇴 원인을 진단할 때 더 유용하게 쓰일 것이다. 아울러 가까운 미래에 새로운 세대의 알츠하이머병 약이 나오기 위해서는 환자에게 어떤 약이 가장 적합한지 미묘한 차이를 이해하는 일이 요구될 것이다.

나는 바버라와 조앤에게 이와 같은 이야기를 들려주며 조앤의 식이 요법에 작은 변화를 줄 것을 제안했고 급격한 변화가 없는 한 조앤이 굳이 나를 보러 뉴욕까지 올 필요는 없다고 말했다. 멀리서 지역 신경과 의사와 협력하여 기꺼이 조앤의 치료 과정을 추적할 생각이었다. 나는 남은 진료 시간의 대부분 동안, 진단 및 치료를 맡은 의사라기보다 자상한 교육자 역할을 했다. 우리가 처해 있는 불확실한 진단 수준을 설명하면서도 지금으로서는 모든 조각이 아주 잘 들어맞기 때문에 추가로 외과적 검사를 추천하지 않을 것이라고 덧붙였다. 조앤이 깜박깜박 기억을 잃는 것이 그녀 잘못은 아니라고 설명했으며 자기 탓을 하고 있던 조앤은 이 말을 듣고 안심했다.

나는 겨우 1세대 시도로밖에 볼 수 없는 현재의 약에 대해 솔직하게 이야기했다. 기껏해야 미미한 이점이 있을 뿐이지만 그럼에도 전반적으로 안전하고 다른 사람보다 훨씬 좋은 반응을 보이는 환자들도 있어서 우리는 이 약을 환자들에게 시도하는 것을 고려한다. 만일 조앤이 생생하고 무서운 꿈을 꾸는 등 아무리 미묘한 것이라도 부작용을 경험한다면 즉시 복용 중단을 고려할 것이다. 바버라가 특히 의학 연구에 관심이 있다는 것을 아는 나는 헛된 낙관론을 경계하면서 우리가 질병의 근원을 최종적으로 이해하고 있다고, 그리고 제약업계와의 협력을 통해 진정으로 의미 있는 차세대 약이 나오리라는 근거 있는 낙관론을 갖고 있다고 설명했다.

늘 자식을 염려하는 어머니로서 조앤은 이 질병이 자식이나 손자들에게 어떤 의미가 있는 것은 아닌지 물었다. 알츠하이머병은 일반적으로 노년에 생기며 우리 센터를 찾는 대다수 환자는 부모이자 조부모인 까닭에 가장 많이 묻는 것이 바로 이 질문이다. 그러나 이는 때때로 가장 길게 답해야 하는 질문의 하나다. 질병의 '원인'이 되는 '결정적' 유전자는 발병 '위험에 영향'을 미치는 '개연적' 유전자와는 다르다. 나는 평형 저울이 이 차이를 잘 보여 준다는 것을 알게 되었다. 결정적 유전자는 미세한 눈금을 지닌 건강 저울이 병적 불균형 상태로 기울어질 만큼 무거운 변이를 포함하고 있다. 반면에 위험 유전자의 작은 결함은 깃털처럼 가벼울 것이다. 그 자체로는 당신이 반드시 병에 걸릴 것임을 의미하지 않지만 다른 위험 유전자와 위험 요인, 가령 비만이나 심장 질환, 당뇨 같은 것이 그 위에 무게를 가한다면 이 모든 것이 합쳐져 저울의 균형을 깨뜨릴 수 있다.

나는 이러한 유전적 차이에 따라 알츠하이머병이 두 가지 유형으로 구분된다고 설명했다. 첫 번째 유형은 하나의 결정적인 유전적 변이가 원인이며 전체 사례 중 약 1퍼센트만 해당할 만큼 매우 드물다. 이 경우는 일반적으로 삼십 대, 사십 대, 오십 대에 발병되는 까닭에 종종 조발성 알츠하이머병이라고 불린다. 두 번째 유형인 만발성 알츠하이머병은 훨씬 더 흔하며 일반적으로 육십 대 이상에서 시작된다. 이 유형은 발병 원인이 복잡한 까닭에 이따금 시대착오적으로 '돌발성'이라고도 불린다. 만발성 알츠하이머병에서도 가족 이력이 문제가 될 수 있지만 물려받은 유전자가 발병 위험, 즉 발병 가능성에 영향을 미친다는 의미일 뿐이다. 조앤의 나이를 보아, 또 그녀가 부모 중 한쪽으로부터 결정적 유전자를 물려받았을 것이라고 암시하는 뚜렷한 가족 이력이 없는 것으로 보아 그녀는 돌발적 만발성 알츠하이머병임이 거의 확실하다고 바버라와 조앤에게 말해 주었다. 조앤의 자녀가 개연적 유전자 중 한 가지를 물려받았다고 하더라도 이는 단지 위험 유전자일 뿐이라고 설명했으며, 그녀가 자손에게 알츠하이머병을 전염병처럼 옮길 염려는 하지 않아도 된다고 마음의 부담을 덜어 주었다.

엄마가 어떻게 내 이름을 잊을 수 있죠?

우리는 지금으로서 어떻게 해결하는 것이 가장 의미 있는지, 다시 말해 약물 치료가 아니라 심리사회적 조정 차원에서 무엇이 가장 의미 있는지 많은 이야기를 나누는 것으로 대화를 마무리 지었다. 알츠하이머병 초기 단계에서 생기는 병적 망각은 그 자체로 해를 끼치지는 않지만 가령 추운 겨울 밤, 문이 잠겨 집에 들어가지 못한 채 바깥에 있어야 한다든가 약 먹는 것을 잊는다든가 금융 관리를 제대로 하지 못한다든가 하는 문제는 해로울 수 있다. '심리사회적 조정'이란 병적 망각으로 인해 잠재적으로 생길 수 있는 해로운 영향으로부터 환자를 보호하도록 그들의 생활에 변화를 꾀하는 것을 의미한다. 알츠하이머병 초기 단계에서는 요일별로 약을 담아 놓는 알약 상자라든가 보살펴 주는 가족에게 고지서나

금융 관리를 요청하는 등의 보조 수단을 이용하는 미미한 수준의 변화일 수 있다. 병이 진행되면서 요양보호사를 고용할 수도 있다. 마지막에 가서는 환자가 집을 떠나 요양 시설에 들어가야 할지 결정을 내려야 한다. 이 과정은 종종 몹시 괴로운 일이므로 모든 가족이 참여하여 결정을 내리는 것이 이상적이다.

조앤이 다시 나를 찾아올 일은 없었지만 바버라는 거의 정확히 6개월에 한 번씩 내게 전화를 걸어 후속 조치나 최근 상황에 대해 알려 주었고 대가족에 둘러싸여 즐거워하는 조앤의 사진과 함께 크리스마스카드도 매년 보내 주었다. 예상했던 대로 조앤의 증상은 알츠하이머병을 지닌 사람들에게 째깍째깍 진행되는 전형적인 느린 메트로놈의 속도로 계속 악화되었다. 전화 통화를 할 때 바버라는 늘 정중하면서도 거의 사무 처리에 가까운 차분한 태도로 조앤의 병의 진행 상황을 설명했다. 조앤은 약 먹는 일을 잊기 시작하면서 매일 간병인의 방문을 허용하게 되었고 그 후에는 점점 길을 잃는 일이 많아지면서 정말로 마지못해 운전을 포기하게 되었다. 내게 진단을 받고 나서 몇 년이 지난 뒤, 마침내 조앤은 자신이 절대 하지 않겠다고 말했던 일을 허락했다. 그해 부활절 가족이 모인 자리에서 그녀는 가족 추억의 모든 것이 담겨 있는 집을 팔고 요양 시설로 이사할 때가 되었음을 깨달았다.

7년이 지난 뒤에 바버라는 나를 직접 만나려고 예약을 잡았다. 나는 최악의 일이 벌어졌을까 봐 두려웠는데, 바버라가 내 진료실 앞 대기실에 혼자 깊은 생각에 잠겨 앉아 있는 것을 보았을 때 특히 그랬다. 그러나 조앤이 요양 시설에서 다양한 활동에 참여하고 비록 전보다 행동이 느리기는 해도 여전히 긍정적인 태도를 보인다는 말을 듣고 안도했다. 그럼에도 바버라는 불안한 기색이었다. 최근 몇 차례 찾아갔을 때 조앤은 바버라의 이름을 기억하지 못하기 시작했다. 바버라가 어머니의 모범적인 보호자로서 나를 찾아온 것이 아니라 개인적인 위로를 얻기 위해 온 것임이 분명해졌다. 알츠하이머병으로 인한 고통은 환자 본인보다 가족에게 더 큰 경우도 많아서 알츠하이머병 의사가 해야 하는 일 가운데 위로는 중요한 부분을 차지했다. 오랜 기간 이야기를 나눠 왔지만 바버라의 목소리가 떨린 것은 처음이었다. 어머니가 어떻게 첫 아이의 이름을 잊을 수 있는지, 그것도 모녀 사이라기보다 친구에 가까웠고 때가 되었을 때는 역할을 바꿔 어머니의 어머니 역할을 해 온 딸의 이름을 어떻게 잊을 수 있는지 이해하고 싶어 했고 실제로 설명을 요구하기도 했다.

이전까지 바버라는 관리자의 마음을 유지했던 덕분에 오로지 조앤에게 집중할 수 있었고 가장 좋은 진단 방법과 관리 방법은 무엇인지, 그리고 최근 들어서는 어쩌면 삶의 마지막 단계에 조앤을 어떻게 보살피는 것이 가장 좋은 방법인지 살피며 마치 효율적인 기업 운영자처럼 조앤의 질병에 접근했다. 이때까지 조앤이 바버라에게 기대는 의존도도 더욱 높아져서 모녀 관계는 더욱 강화되기만 했다. 이제 바버라는 처음으로 자신의 필요를 고려하기 시작했다. 어머니가 자신의 이름을 잊는다는 것은 서로 보살펴 왔던 어머니와의 우정을 잃는 것이라고 여겨졌기에, 이럴 가능성이 다가온 것에 대해 괴로움을 표현했다.

나는 무슨 답이 나올지 이미 안다고 느끼면서도 몇 가지 전략적인 물음을 바버라에게 던졌다. 조앤이 바버라에 관한 다른 세부적인 것도 잊었는지 물었더니 그렇다고 했다. 예를 들어 조앤은 바버라가 더는 데이턴에 살지 않는다는 것도 이따금 일깨워 줘야 했고 바버라의 뉴욕 생활에 관한 세세한 것을 기억하는 데도 어려움을 겪었다. 조앤이 바버라를 조금이라도 알아보는 것 같은지 묻자 바버라는 그렇다고 했다. 바버라가 방으로 들어가면 조앤은 곧바로 고개를 들었고 두 눈에 빛이 나면서 환하고 따뜻한 미소를 지었다. 내가 이런 물음을 던지면서 무슨 이야기를 하려고 하는지 직감한 바버라는, 어머니가 자신의 이름을 잊는 문제는 그럼에도 뭔가 특별한 것이라고, 특히 마음 아프고 강렬한 뭔가가 있다고 주장했다.

나는 바버라에게 우리가 아는 사람들에 대한 기억을 어떻게 해마의 도움으로 엮어 내는지 대략적으로 설명해 주었다. 이러한 기억의 요소들이 뇌 연결망 전체에 걸쳐 한데 엮여 기억의 태피스트리를 만들어 내며 이 속에는 우리가 가장 관심 갖는 사람에 대한 사실적·감정적 세부 사항들이 특히 풍부하게 들어 있어서 연결망의 접속점 하나하나에 기능 장애가 생기더라도 전체적으로 활성화될 수 있다고 설명했다. 바버라가 내게 말해 준 것들을 토대로 나는 딸에 대한 조앤의 기억이 병으로 인해 군데군데 낡고 해어진 곳이 있기는 해도 연결망은 여전히 이상이 없다고 꽤 타당성 있게 추론할 수 있었다. 조앤은 여전히 딸을 알아보았고 확실히 그녀를 좋아하고 있었다.

이러한 설명은 바버라의 극심한 두려움 중 몇 가지를 덜어 주어 조금은 위안이 되었다. 적어도 일시적으로는 그랬다. 그러나 말하지 않은 숨은 의미가 있었다. 환자의 기억 연결망이 점점 많이 끊기게 되어 일정 시점에 이르면 이름을 잊는 문제가 전반적인 연결망 이상을 뜻하게 될 것이고 어머니가 더는 딸을 알아보지 못하고 관심도 갖지 않는 시점이 올 것이다. 알츠하이머병으로 인한 가장 잔인한 일 중 하나는 가족이 환자를 점점 더 많이 보살펴야 할 때 환자는 가족에 대해 더는 관심을 두지 않는 모습을 더욱 많이 보인다는 점이다. 끔찍한 병은 많지만, 상대를 보살피는 통상적인 역학 관계가 이처럼 가혹하게 역전되는 점에서 알츠하이머병처럼 정신이 퇴화하는 병은 다른 병과 구분된다.

기억의 윤리 vs 망각의 윤리

엄밀히 연산적 관점에서 볼 때 우리가 아는 사람에 대한 기억 연결망의 많은 요소는 똑같은 중요성을 지닌다. 하지만 우리 대다수나 우리가 관심을 갖는 사람들을 놓고 볼 때는 바버라의 생각이 옳았다. 이름을 잊는 문제는 뭔가 특별히 우리를 속상하게 하는 구석이 있는 것 같다. 1장에 나왔던 내 환자 칼의 경우, 새로 만난 고객의 얼굴을 알아보고 어디서 만났는지 기억하며 고객의 직업이나 가족과 관련한 사실들을 열거할 수 있었음에도 고객의 이름을 잊어버린 당혹감은 떨치기 힘들었을 것이다. 다른 개인적 사항에는 그 정도로 의미를 두지 않지만 어떤 이유로든 이름을 잊는 것에는 그 사람에게 관심이 없다는 의미를 부여한다. 데일 카네기는 시대를 초월한 베스트셀러 『카네기 인간관계론』에 이런 심리학적 진실을 담았다. 이름을 기억하는 일은 인생의 일에서 성공하기 위한 규칙 중 카네기가 꼽은 가장 중요한 규칙이었다. 새로 만난 사람의 이름을 애써 기억하는 일은 비록 이따금 거짓된 사실을 알리는 데 이용된다고는 하지만 그래도 우리가 이름을 기억할 만큼 충분한 관심을 쏟고 있다는 의미를 상대에게 전달할 수 있다.

사후 세계에 대해 명확한 개념을 갖지 않은 종교들도 명예로운 행위를 통해 사람의 이름을 계속 기억하고 간직하는 것에 특별한 중요성을 부여한다. 고대 그리스인은 이런 형태의 공동체 기억을 클레오스kleos라고 불렀다. 나는 태어날 때 지닌 종교적 믿음을 더는 실천하지 않지만 유대교에서도 이름을 기억하는 일은 중요하게 부각된다고 알고 있다. 예루살렘에 있는 세계 홀로코스트 박물관 야드바셈Yad vashem은 대다수 사람에게 알려져 있다. 야드바셈은 '기념비와 이름'을 뜻하는 히브리어로 성경에 나오는 말이다. 성경에서 신은 이름이 새겨진 기념비라고 할 수 있는 야드바셈을 신전 벽 안에 세우도록 명령했는데, 이는 자신을 따르는 자식 없는 추종자들이 자손을 남기지 않아도 계속 살아 영원히 기억되도록 이들을 기념하기 위한 것이었다.

이름을 기억하는 일에 담긴 문화적 중요성은 유대교 안에 깊이 흐르고 있어 그 종교적 언어에까지 깊이 스며 있다. 랍비는 올바른 사람으로서 비속어를 쓰지 못하도록 금지되어 있다. 그러나 그들마저 사용하던 한 가지 욕이 있었는데 내가 예시바에 다니던 시절을 기억해 보면 이 욕을 쓰는 일이 드물지 않았다. 바로 '예마크 시모yemach shmo'였다. 목 뒷부분에서 길게 나오는 한 가지 소리처럼 내지만 사실은 몇 개 단어가 이어진 말인데, 이 역시 성경에 등장한다. 신이 적에게 던질 수 있는 가장 심한 욕으로 "그의 이름을 완전히 가리라"라고 번역할 수 있다. 한 사람의 이름이 잊히고 공동체 기억에서 완전히 지워지는 것은 분명 가장 절망적인 운명이다.

많은 문화에서, 그리고 대다수 사람이 생각하기에 이름을 기억하는 것은 존중의 마음이 담긴 최고 행위인 반면, 이름을 잊는 것은 일종의 감정적 무시이다. 비록 반무의식적 상태일 뿐이라고는 하지만 어머니가 자신의 이름을 잊었을 때 바버라가 가장 심한 충격을 받은 이유가 바로 이름을 잊을 만큼 관심이 거의 없다고 해석했기 때문이다. 건강한 뇌를 지닌 우리의 경우에도 다른 사람에게 얼마나 관심을 갖는가가 그들의 이름을 얼마나 잘 기억하는가에 '영향을 미친다'.

다른 사람에게 관심을 갖는 것은 윤리 행동의 핵심이다. 도덕 철학자는 우리가 관심을 갖는 친밀감에 근거하여 윤리와 도덕을 비교한다.[1] 이 견해에서 볼 때 도덕이란, 이름을 알지 못하고 얼굴도 모르는 사람까지 포함하여 세상 모든 사람을 대하는 적절한 행동에 대해 정해 놓은 고정적·보편적 규칙이다. 반면에 윤리는 가족, 친구, 공동체 등 우리가 개인적으로 아는 사람들에 대해 어떻게 느끼고 행동하는가에 관한 문제이다. 우리가 태어날 때부터 보편적 차원의 적절한 행위를 갖추고 있다고 믿고 싶어 한다는 점에서 도덕은 기억에 그다지 의존하지 않는다. 이와 달리 윤리는 종합적인 해마 의존 기억 체계에 많은 것을 의존한다. 이름과 연결된 얼굴, 그리고 감정이 스며 있는 여러 개인적 세부 사항 등 친밀한 연상의 연결망을 확립하기 위해서는 편도체 및 피질과 함께 해마가 반드시 관여해야 한다.

해마와 관련된 모든 일에서 우리가 늘 찾는 환자 H. M.에게로 다시 돌아가 생각해 보자. 양쪽 해마가 모두 제거된 상태에서도 여전히 H. M.은 도덕적으로 행동했고 설령 그렇지 않은 경우에도 외과 수술로 해마가 제거되었다는 사실을 방어 논리로 내세울 수 없었다. 그러나 그가 비윤리적으로 행동했다고 비난할 수는 있을 것이다. 늘 예의 바른 사람이기는 했지만 그럼에도 자신을 수십 년 동안 보살펴 온 의사에게는 눈곱만큼도 관심이 없었던 것 같다. 개인적 삶이나 직업 면에서 잘 지내는지 의사에게 한 번도 물은 적이 없었다. 해마 제거로 인해 새로운 의식적 기억을 형성할 능력뿐 아니라 새로운 윤리적 관계를 형성할 능력마저 제거된 것이다.

관심을 가지려면 기억이 있어야 한다. 또한 관심을 갖는 일은 윤리의 중심을 이룬다. 이 두 가지 단순한 진실 때문에 기억의 윤리학에 대한 철학적 사고가 정당성을 지녔다. 그렇다면 망각에는 아무런 윤리적 이점이 없는 것일까? 대다수 철학자는 한 가지 이점, 즉 용서에 초점을 맞춰 왔다. 가족이나 친구를 용서하는 일이든 심지어는 이보다 규모가 큰 공동체를 용서하는 일이든 대다수 심리학자와 사회학자는 들끓는 분노나 굴욕, 고통을 일정 정도 내려놓아야 비로소 용서할 수 있다는 데 동의한다.[2] '내려놓음'은 신경학에서 말하는 망각을 일상용어로 옮겨 놓은 많은 표현 중 하나이며, 이 경우는 원통했던 고통의 기억 조각들을 무디게 해 주는 뇌의 감정적 망각을 일컫는다.

기억의 조각을 무디게 한다는 것은 단지 에릭 캔들이 보여 준 '용서를 위한 망각'의 비유만은 아니다. 에릭 캔들은 오스트리아에 정착하여 동화된 유대인 가족에서 1929년에 태어나 빈에 있는 아버지의 장난감 상점 위층의 작은 아파트에서 자랐다. 1938년 3월

독일이 오스트리아를 합병했으며 이어 '수정의 밤Kristallnacht'이 자행되었다. 이는 나치가 유대인 소유의 상점들을 대상으로 일으킨 준군사적 폭동이며 '수정의 밤'은 이 폭동으로 깨진 유리 조각을 상기시키기 위한 명칭이다. 이 일이 있은 지 8개월 후, 그와 그의 가족은 뉴욕 브룩클린으로 이주했다. 이후 정신과의사가 된 에릭은 기억 연구가로도 중요한 인물이 되어 2000년 노벨 생리의학상을 수상했다.

그가 노벨상 수상자의 명성을 얻자 빈 시장은 자기 시가 낳은 아들의 영광을 어떤 식으로든 간접적으로 누리고자 그에게 여러 가지 제안을 했고 처음에 에릭은 이를 거부했다. 애초에 에릭은 이런 수준에서 용서할 마음이 없었다. 그러나 시장은 굴하지 않은 채 그와 일련의 공식적 대화를 계속 진행해 나갔다. 에릭의 요청으로 시장은 피해자 치유 과정을 지원하기 위한 많은 계획을 약속했고 에릭은 서서히 용서로 나아가는 길에 들어섰다. 비록 그들이 저지른 만행을 절대 용서하지는 않았지만 2008년 명예시민 자격을 받아들일 정도는 되었고 범죄를 저지른 국가를 마침내 용서했다. 이런 유형의 집단적 용서 행위를 윤리적으로 어떻게 보아야 하는지 철학 논쟁을 벌일 수도 있겠지만 내 입장에서는 옳은 행위였다고 옹호할 수 있다.

현재 91세의 에릭은 모든 사람의 기억이 극적으로 감퇴하는 것은 아니라는 산증인으로서 지금도 컬럼비아대학에서 가장 규모가 크고 가장 생산적인 실험실 중 하나를 운영하고 있다. 오래전부터 나의 소중한 학문적 스승이었던 그는 빈과의 관계가 어떻게 전개되었는지 내게 이야기해 주겠다고 약속했다. 전 세계 선두에 있는 기억 전문가와 함께 '용서를 위한 망각' 문제를 놓고 토론을 벌인 일은 매우 흥미로웠다. 빈은 그가 어릴 때 살던 곳을 떠날 수밖에 없도록 잔인한 행동을 저질렀고 그의 가족은 존엄성과 생계를 빼앗겼다. 하지만 이제 에릭은 빈의 명예시민이 되었을 뿐 아니라 이 도시에서 주최하는 학술 및 문화 행사에 적극적으로 참여하고 있다.

이런 수준의 용서에 이르기까지 에릭은 두 가지 망각 메커니즘을 중심으로 다양한 행동 계획을 세우고 조직해야 했다. 첫 번째는 오스트리아가 나치즘에 보인 대응을 주제로 매년 학술회의를 열도록 확립한 일이었다. 이 학술회의 목적은 사실적 진실을 기념하는 동시에 화해를 조성하는 것이었고, 이 두 가지를 이루기 위해서는 어느 정도 감정을 내려놓는 과정이 필요하다. 집단 대화 과정에서 나치 희생자는 가해자의 비뚤어진 논리와 뒤틀린 동기에 대해 알게 되는데, 더욱 중요한 것은 희생자의 고통이 어느 정도였는지 가해자들이 깨닫게 된다는 점이다. 학술회의의 목표 중 한 가지는 역사적 범죄 일화를 기억하고 절대 잊지 않는 것이다. 그러나 잔인한 진실을 공개적으로 발표하는 또 다른 목표는 화해이다. 집단적으로 기억을 재구성하여 국가의 집단의식으로 확립하고 일정

한 사회적 사면을 제공하는 것이다. 회복을 돕는 이 과정에는 감정적 망각이 어느 정도 요구된다. 개인이 지닌 기억의 총합을 바탕으로 형성되는 집단 기억은 유연해야 한다. 앞서 보았듯이 개인 기억이 유연성을 지니기 위해 능동적 망각이 필요하다면 집단 기억 역시 마찬가지이다. 고대 그리스어 '암네스티아amnestia'에서 유래한 '사면'은 본래 의미상으로 일종의 망각이다.

두 번째 빈 행동 계획은 보다 단순한 망각 메커니즘을 이용한 것이었다. 우리의 뇌가 본래부터 알고 있듯이 우리가 저장한 모든 것을 기억할 필요는 없다. 또한 일시적으로 부호화한 세계의 세부 사항을 잊는 것은 우리 자신, 혹은 이 경우에는 국가의 온전한 정신을 위해 실제적인 이점을 지닌다. 빈에는 이전 시장을 기리기 위해 그의 이름을 따서 붙인 한 거리가 있었는데, 이 시장은 히틀러가 자서전『나의 투쟁』에 이름을 인용할 만큼 맹렬한 반유대주의자였다. 에릭의 요청으로 2012년 이 거리 이름이 바뀌었다. 예마크 시모! 거리명에서 이름을 지운다고 해서 역사책에서 지우는 것은 아님을 지적해야 한다. 그는 아무 생각 없이 심한 편견에 사로잡혔을 뿐 아니라 비열한 인종차별주의자로 역사상 가장 커다란 도덕적 범죄 중 하나에 기여했으며 불명예 속에 살아가야 할 사람이다.

'향수병'은 실재하는가

아주 명확하지는 않지만 기억과 망각의 적절한 균형이 가져다주는 또 다른 이점도 있다. 기억이 있어야 다른 사람에게 관심을 가질 수 있다면 우리는 과잉 기억의 윤리적 영향을 고려해야 한다. 과잉 기억이 지나친 관심을 불러올 수도 있기 때문이다.

당신의 아버지와 어머니를 공경하라. 당신 자신만큼이나 이웃을 사랑하라. 혹은 원문에 나온 대로 더 정확히 말하면 '친구'를 사랑하라. 국기에 충성을 맹세하라. 이런 계율은 우리의 윤리적 관계가 동심원을 그리며 점차 확대되는 것을 표현하며 가족에서 친구와 이웃으로, 그리고 국가로 나아가면서 친밀감의 차이를 보인다. 이들 사례 중에서 해마 의존 기억 체계에 가장 많이 기대어 사실과 감정을 결합하는 것이 바로 국가에 대한 관심, 즉 애국주의다. 가족이나 친구에 대한 관심과 비교할 때 국가에 대한 관심은 타고나는 것이 아니며 더 추상적인 것이라서 학습과 기억에 더 많이 의존한다. "자식을 위해 죽을 거야"라든가 "친구를 대신해서 총을 맞을 거야"라는 말은 본능에서 나온 것처럼 보일 수 있다. 그러나 국가를 위한 일이라면? 이 경우, 혹은 극단적이지 않은 형태의 애국주의라고 해도 이를 위해 우리는 공동의 지리와 역사뿐 아니라 국가의 과거 영광과 고통까지도 기억해야 한다.

부모가 병상 옆에 의사와 함께 서 있는 동안 계속해서 "집에 가고 싶어!"라고 소리치는 열네 살의 클라라를 만나 보자. 그들은 스페인 북부에 있는 한 바닷가 리조트에서 휴가를 보내던 중이었다. 이곳은 그들이 살던 스위스 알프스의 전원 마을 인터라켄으로부터 멀리 떨어져 있다. 전날 클라라는 해변 담당 리조트 직원의 안내로 배를 타고 여행하던 중 머리를 부딪혔다. 클라라가 두통과 약간의 메스꺼움을 호소했기 때문에 육지에 도착하자 리조트에 있는 의사를 불렀다. 그는 그다지 심각한 일은 아니고 경미한 뇌진탕일 것이라고 추측했으며 휴식과 수분 보충을 권했다.

다음 날 아침, 가벼운 두통이 조금 남아 있는 것 말고는 메스꺼움도 가라앉았고 신경과 검사도 대체로 정상이었다. 그러나 이제 그녀는 온통 집에 대한 기억에 사로잡힌 것처럼 보였다. 이는 우리가 여행길에 병이 나거나 너무 오래 집을 떠나 있었을 때 이따금 집이 몹시 그리워지는 정상적 감정을 훨씬 넘어섰다. 심지어는 스위스 음식이 너무 그리운 나머지 "외국 음식"이 역겹다고 하거나 식당 직원이 보이는 스페인식 "이국적 태도"와 "낯선 대화"에 경멸감을 보이는 탓에 더 이상 먹지도 마시지도 못했다. 전날까지만 해도 너무 기분 좋다고 했던 바닷바람 냄새나 철썩이는 파도 소리가 이제는 푸르른 스위스 산에서 울리는 소 방울 소리와 너무도 달라 참을 수 없이 혐오감을 불러일으켰다. "즐거운 조국"과 사랑하는 "국가 관습"에 대한 기억으로 클라라가 괴로워하자 의사가 다시 진찰했고 이런 "우울한 흥분 상태"를 극단적인 향수병의 발작이라고 진단했다.

사실 '클라라'는 1688년 요하네스 호퍼 박사가 바젤대학의 의학 논문에 묘사해 놓은 일련의 스위스 아동 환자들을 합쳐 놓은 인물이다.[3] (클라라의 허구적 이야기 속에는 현대적으로 꾸민 부분이 많이 들어 있지만 증상은 호퍼의 사례들을 전형적으로 보여 주며 인용 표현은 그의 논문에서 그대로 가져온 것이다.) 이런 새로운 장애를 진단하는 과정에서 호퍼는 많은 환자에게서 관찰한 증상을 묘사하기 위해 여러 가지 새로운 의학 용어를 놓고 고민했다. 그의 환자는 모두 스위스 아동이었고 모두 극단적 향수병과 비슷하지만 의학적으로 훨씬 심한 증상을 앓았다. 그가 고려했던 두 가지 의학 용어 '질환망상증nosomania'과 '향수병nostalgia'은 고대 그리스어 노스토스nostos에서 유래했으며, 호머가 사용한 이 단어는 집으로 돌아가는 길의 행복한 느낌을 뜻한다. 첫 번째 용어에 들어 있는 '마니아mania'는 '미치다'를 의미하는 그리스어에서 왔으며 두 번째 용어에 들어 있는 '알지아algia'는 '고통'을 뜻하는 '알고스algos'에서 왔다. 세 번째 후보는 그다지 감미롭게 들리지 않는 '회향광philopatridomania'이었으며 '조국에 대한 미친 듯한 사랑'을 뜻한다. 호퍼는 그중에서 왜 '향수병'으로 정하게 되었는지 설득력 있는 이유를 제시하지 않았는데, 사실 의학 훈련을 받은 현대인의 눈으로 그의 논문을 읽고 나니 내 생각에는 '질환망상증'이 더 적합한 것 같다.

신경학에서는 이따금 '기능 상실'의 원인이 되는 질병과 '기능 항진'의 원인이 되는 질병을 구분한다. 알츠하이머병은 해마 뉴런을 병들게 하여 정상적인 시냅스 활동성을 약화하기 때문에 기능 상실의 예에 속한다. 이처럼 뉴런의 정상적인 발화 속도가 둔화되면 정상적인 기억 기능을 잃는다. 기능 항진 질병은 반대 결과를 낳는다. 뉴런을 과잉 자극함으로써 뉴런의 시냅스가 너무 빠른 속도로 발화하고 병에 걸린 뇌 부위들이 비정상적으로 과도한 기능을 보인다. 이처럼 '불타는 뇌'를 가장 명확하게 보여 주는 사례가 발작 장애인데 너무도 급작스럽게 일어나기 때문이다. 발작이 감각 피질 부위에서 시작되면 실제로는 없는 냄새와 광경, 소리가 들리는데 이 모두 기능 항진 증상이다. 기억이 저장되어 있는 피질 중앙 허브에서 발작이 시작되면 비정상적인 기능 항진이 잘못된 기억을 자극하여 기시감을 일으킨다.

이제 우리는 환각이나 망상, 심지어는 집착도 뇌의 과잉 활동으로 인한 기능 항진 증상이라고 여긴다. 물론 이들 사례는 뇌가 뉴런의 발화로 불타는 듯한 상태까지 치닫기보다는 천천히 타오르면서 생긴 결과라고 할 수 있다. 앞서 설명했듯이 오랫동안 잠을 자지 못했거나 불필요한 기억이 너무 많이 축적된 결과로 생기는 정신적 혼란 역시 해로운 뇌 기능 항진의 또 다른 예다.

호퍼는 분명히 향수병을 기능 항진의 신경학적 병으로 이해했다. 다시 말해 과잉 기억으로 인해 뇌가 불타는 상태라고 보았으며, 이 불길의 근원은 피질이 '즐거운 우리 집'의 기억을 저장하는 뇌의 한 구역에 있다고 보았다. 뇌의 기능적 조직에 대해 아는 것이 많지 않았던(사실 당시에는 알려진 것이 거의 없었다) 그는 해부학상으로 일종의 다트를 던진 것이고 이 다트는 '중간 뇌' 어디쯤인가에 꽂혔다. 뉴런, 시냅스, 가지돌기가시에 대해 뭔가 알려지기수 세기 전에 그는 향수병, 다시 말해 과잉 기억으로 인한 장애의 원인이 "중간 뇌에 있는 섬유질을 따라 정기가 지속적으로 진동하는 것이며, 이곳 중간 뇌는 조국에 대한 관념의 흔적이 여전히 고착되어 있는 곳"이라고 시적으로 가정했다. 또한 이 기억의 섬유질이 불타기 시작해 뇌 전체로 퍼질 수 있다고 주장한 점에서 생리학적으로 날카로운 통찰을 보였다. 우리는 간질성 발작이 한 곳에서 시작되어 뇌 전체로 퍼져 나가 대발작을 일으킨다고 설명하겠지만, 그는 향수병의 불이 "조국" 부위에서 시작하여 "구멍과 관"으로 이루어진 "길"을 따라 퍼져 나가 전면적인 집착, 즉 "조국"에 대한 "고통스러운 상상"을 일으킨다고 설명했다.

앞서 보았듯이 외상후스트레스장애도 감정적 기억의 해로운 항진이며 생생한 기억이 갑작스럽게 떠오르는 플래시백 증상은 감정적 기억의 증진 상태(과잉 기억)로 볼 수 있다. 호퍼가 명확하게 설명한 내용에 따르면 향수병도 비슷한 방식으로 작용한다. 향수병 환자는 그들 나름의 형태로 기억 항진을 보이는 탓에 더는 "엄마의 젖"을 잊지 못하고 즐거운 고향을 희미하게라도 연상시키는 어떤 광경이나 소리에도 "조국의 매력"을 아쉬워하며 떠올린다. 집착이라는 의미를 호퍼 식대로 표현한 "조국만을 깊게 생각하는 상태"가 이어짐으로써 "어리석은 정신 상태, 다시 말해 조국에 대한 생각 말고 다른 것은 거의 돌보지 않는 상태"에 이를 수 있다는 말로 그는 결론을 맺었다. '어리석다'는 표현을 쓴 데 대해 몰이해하다고 그를 비판하기 전에 우리는 경멸적이라고 여겨지는 그런 많은 표현이 19세기 말 이전까지 정식 신경학적 진단으로 사용되었다는 것을 알아야 한다. 예를 들어 아이처럼 행동하는 성인을 '백치'라고 진단했으며 십 대처럼 행동하는 어른을 '바보 천치'라고 진단했다.

집착이 해로운 기억 항진에 해당할 수 있다고 시사한 점에서 그는 통찰력이 있었다. 우리는 이제 강박 장애 환자, 즉 클라라처럼 행동에 유해한 영향을 미치는 생각을 반복적·비정상적으로 하는 사람의 경우, 기억 인출에 관여하는 피질 영역이 정말로 과잉 활성화 및 과잉 연결이 되어 있다는 것을 알고 있다. 이런 환자에게는 우리의 망각 메커니즘을 활용하는 노출 치료가 여전히 가장 효과적인 해결책의 하나다.[4]

향수병 환자의 인구 통계를 근거로 하여 호퍼는 가능성 있는 세 가지 원인, 즉 향수병에 잘 걸리는 요인을 고려했다. 첫째는 나이였다. 그는 어린 나이에 보이는 감수성과 감상적 성향으로 인해 왜인지는 몰라도 향수병에 취약하다고 시사했다. 둘째, 예전 어린 시절에 있었던 특정 종류의 "상처"가 병에 걸릴 위험성을 높인다고 추정했다. 약간의 현대적 색채를 가미해 말하면 그러한 상처는 우리의 저속하고 유치한 취향이나 선호가 완전한 성숙 단계로 나아가지 못하게 막아 정상적인 발달 과정을 더디게 할 수 있다는 것이다. 마지막으로 환자 모두 스위스인이었기 때문에 그는 민족성을 거론하면서, 다른 "유럽 종족"과 달리 왜 유독 스위스인이 향수병에 잘 걸리는지 설명해 줄 수 있는 뭔가 특별한 점이, 사랑하는 "헬베티아 민족"[Helvetian Nation, 로마 정복 이전에 스위스 고원에 살았던 헬베티족에서 온 말-옮긴이]에게 있는 것은 아닐까 생각했다.

모든 장애는 통찰력 있는 한 임상의의 직감에서 출발하여 구체화된다. 그러나 모든 임상적 직감이 장애로 밝혀지는 것은 아니다. 자폐증을 밝힌 레오 캐너의 임상적 직감과 달리 호퍼의 직감은 사실이 아닌 것으로 밝혀졌다. 향수병은 장애, 즉 조국에 대한 과잉 기억으로 뇌가 불타는 상태가 아니다. 그럼에도 윤리적 행위의 측면에서 망각이 어떤 이점을 지니는지 알고자 노력하는 과정에서 이 가상의 질병을 하나의 비유로 이용하는 것은 도움이 된다.

애국주의로 불타는 뇌

호퍼의 '향수병'은 질병이라고 할 수 없지만 의학 교과서는 아니라도 우리의 문화적 어휘 목록에는 살아남았다. 대체로 향수병이라는 개념이 낭만주의 시인이나 철학자, 그리고 정치과학자들에게 빠르게 채택되었기 때문인 것으로 여겨진다. 정치과학자들은 호퍼가 논문을 발표한 지 오래되지 않아 민족주의의 현대적 개념을 체계적으로 정리하기 시작했다. 향수, 즉 자신의 민족을 좋아하고 모국과 조국을 좋아하는 마음을 낭만적으로 묘사함으로써 민족주의는 어머니와 아버지를 좋아하는 마음과 동일한 선상의 토대에 놓이게 되었다.

『메리엄 웹스터 대학생용 사전』을 보면 향수병은 "지나간 시기나 되돌릴 수 없는 상태를 아쉬워하는 마음이나 다시 돌아가고 싶어 하는 지나치게 감상적인 갈망"이라고 나와 있다. 이런 종류의 갈망이 반드시 잘못된 것은 아니다. 또한 잃어버린 낙원을 그리워하는 갈망은 인간이 지닌 우울한 상태의 한 부분처럼 보이며, 아담과 이브만큼이나 오래된 것이다. 모든 민족이 나름의 향수를 가지는데, 단 한 가지 흥미로운 점은 민족마다 지니는 향수가 모든 사람의 민족적 심금을 건드리는 포괄적인 것임에도 저마다 자기민족의 향수가 뭔가 특별하다고 믿는다는 점이다.[5]

클라라가 사랑의 마음으로 조국을 기억하고 갈망하는 것은 윤리적으로 아무 잘못이 없다. 그러나 조국에 대한 기억이 정신을 온통 삼켜 버려 뇌가 정신병으로 불타듯 불길이 퍼져 가면 그녀의 윤리적 IQ는 순식간에 상실된다. 우리가 아는 사람에 대한 윤리적 사랑이 모르는 사람에 대한 부도덕한 집단적 증오로 바뀌는 이러한 왜곡은 과잉 기억이 야기할 수 있는 잠재적 위험이며 이는 윤리적 삶의 모든 영역에 해당한다. 기억과 망각이 균형을 이루면 우리 정신, 또는 호퍼 식으로 말해서 우리 "상상"이 이렇게 병드는 것을 막는 데 도움이 된다.

우리 모두 정도의 차이는 있겠지만 애국주의를 경험한 적이 있으며 윤리적으로 이루어진다면 우리 대다수가 자기 나라에 관심을 갖는 것은 정당화된다. 세계무역센터가 무너져 철과 뼈대의 잔해로 변해 버린 것을 목격했던 9·11 테러 때 나는 미국인의 다양한 애국주의를 모든 범위에 걸쳐 관찰했다. 그날 아침, 나는 우리 실험실의 행정 사무실에서 관리자들과 예산을 검토하느라 힘들게 일하던 중이었고, 공교롭게도 행정 사무실은 우리 의학센터에서 가장 높은 건물 꼭대기층에 있었다. 의학센터는 맨해튼의 북쪽 끝에 위치했을 뿐 아니라 섬에서 가장 높은 지점인 워싱턴하이츠에 있었다. 워싱턴 요새 전투 때 조지 워싱턴이 영국군에 맞서 방어전을 펼친 곳이라 워싱턴하이츠라는 이름이 붙었다. 꼭대기층 행정 사무실의 남쪽 유리창 밖으로 눈부시게 아름다운 맨해튼의 전 풍경이 내려다보였다. 원시적이었던 그날 아침, 우리는 맨해튼섬의 남쪽 끝에 있던 세계무역센터 북쪽 타워에서 연기가 피어오르는 것을 공포 속에서 바라보았다. 이 일이 외국의 공격으로 인한 것임이 분명해졌을 때 미국민 중 일부는 200년도 더 넘도록 외국의 공격이 없다가 처음으로 맨해튼섬에 가해진 공격이었다는 사실도 전혀 감안하지 않았고 미국이 자유 민족주의의 원칙을 중심으로 세워졌다는 사실도 잊었다.

쌍둥이빌딩이 여전히 불타는 동안, 우리는 의료 서비스 제공자로서 당연히 시내로 달려가고 싶었지만 병원에 그대로 남아 있으라는 지시가 내려왔다. 워싱턴하이츠의 병원 요새를 지키면서 장차 앰뷸런스 차량 행렬이 부상자를 싣고 오기를 기다리라고 했다. 생존자가 거의 없었기 때문에 아무도 오지 않았다. 그 끔찍한 날이 펼쳐지는 가운데 TV 화면에 눈을 고정하고 할 일 없이 기다리던 나는 충격에 싸인 병원 동료들 사이에 민족주의적 이야기가 오가는 것을 목격했다. 나는 이를 건강한 추모라고 여겼다. 나의 이스라엘 친구들과 비교할 때 미국 친구들은 조국에 대한 감정이 별로 없는 것 같다고 종종 느껴 왔기 때문이다. 그렇다고 비판적으로 여겼던 것은 아니다. 사실 나는 미국 친구들 중 거의 모두가 군복무를 할 필요가 없고 조국이 있다는 것을 당연하게 여기는 나라에 살고 있다는 점을 종종 시기했다. 그러나 조국이 공격받는 이런 상황에서 갑자기 애국심이 솟구친다는 이야기가 그들에게서 나오는 것은 적절한 반응으로 보였다.

건물이 무너지고 나자 우리 센터 대기실에 모여 있던 대다수 사람은 호퍼가 상상했던 뇌 부위의 활동성이 뜨거워지기 시작한 것처럼 보였다. 미국의 복수를 하고 싶어 하는 집단의식이 있었다. 전쟁에 시달리는 중동 지역에서 자란 사람으로서 누릴 수 있는 한 가지 잠재적 이점은 민족주의의 위험에 예민할 수 있다는 것이다. 그날 대기실에 있던 대다수 사람은 조국에서든 고향에서든 외국

테러리스트가 저지른 대학살을 처음 겪었으므로 그들이 보인 이런 반응은 이해할 수 있었다. 그러나 몇몇 사람의 뇌가 비정상적인 과잉 활동 상태로 들어간 것처럼 보였을 때 걱정스러웠다. 심지어 크게 분노한 몇몇 자유주의자 동료는 외국인 혐오증이 대화에 서서히 끼어들기 시작하면서 이러한 해로운 기능 항진이 나타났고, 모든 '아랍인', 그들 민족 전체에 대한 증오심으로 들끓는 것처럼 보였다. 호퍼가 옳았다는 생각이 들었다. 마음속에 온통 고국에 대한 과잉 기억으로 가득한 이러한 해로운 기능 항진, 즉 뇌가 불타는 상태로 인해 매우 똑똑한 나의 몇몇 친구도 일시적인 도덕적 어리석음에 빠진 것이다.

며칠이 지나자 전반적으로 분위기가 차분해졌다. 이렇게 차분해진 데는 분명 매우 복잡한 과정이 있었을 테지만 뒤돌아보면 이전 내용에서 설명한 망각 메커니즘들 중 몇 가지가 작용했을 것이라고 확신한다. 우리는 망각의 끝이 우리의 기억을 어떻게 깎아 없앨 수 있는지 보았다. 또한 외상 사건이 일어난 직후에 감정적 망각이 가져다주는 치료적 이점이 어떻게 시작될 수 있는지 보았으며, 다함께 하는 활동에 참여함으로써 이 과정이 빠르게 이루어지고 감정적 기억이 너무 뜨겁게 타오르거나 정신병이 생기는 것을 막을 수 있다는 것도 보았다. 이는 집단 기억과 사회 병리에도 해당한다. 나와 동료들의 경우, 모든 인종으로 이루어진 수천 명의 미국 애국자가 자발적으로 맨해튼 거리 모퉁이에 가득 모여들어

촛불을 밝히는 모임에 참여하면서 이 과정이 일어났다. 그리고 사망자와 실종자의 사진을 걸어 놓은 시내 임시 전시관을 찾아가 다양한 문화에 속한 수백 명의 얼굴을 보며 그들의 이름을 마음속으로 가만히 불렀을 때 이 과정이 일어났다.

향수병에 관해서는 호퍼가 틀렸지만 한 사람을 표상하는 피질 허브 집합이 있는 것처럼 우리의 '조국'을 표상하는 피질 허브 집합이 있다고 상상할 수도 있다. 우리의 민족주의적 반응이 변하는 과정 동안, 조국과 관련 있는 이러한 피질 허브의 활동을 기록하여 가령 심장 전문의가 심장의 전기 활동을 기록하거나 신경과 의사가 뇌의 전기 활동을 기록할 때 사용하는 것과 같은 길다란 종이에 인쇄할 수 있다면 이 책에서 이야기한 내용의 많은 부분을 상기시키는 기록이 나올 것이다. 우리의 공동체 윤리에서 전형적으로 보여 주었듯이 건강한 정신을 유지하기 위해 반드시 기억과 망각이 균형을 이루어야 한다고 보여 주는 기록이 될 것이다.

처음에는 전기적 기록이 평균 이하의 스파이크 활동을 보일 것이다. 국가를 잊고 거의 관심을 두지 않는, 윤리적으로 의심스러운 상태를 반영하여 심지어는 아무 흔들림 없는 직선 형태를 띨 수도 있다. 그러다가 우리의 애국심을 일깨우는 사건의 자극을 받아 조국과 관련한 기억이 정상 수준으로, 다시 말해 우리가 기억하고 나라의 안전과 안녕을 염려해야 하는 수준까지 활성화되면 스파이크 활동상에 건강한 흔들림이 나타날 것이다. 그러다 조국과 관련한 기억이 뇌 전체로 퍼지는 들불 같은 활동을 촉발하게 되는데 우리의 정신을 멍청하게 만드는 이런 발작적 활동은 조국 관련 피질 허브에서 시작된다. 불타던 뇌는 마지막에 조국 관련 활동성이 약해지면서 차츰 식는다. 이렇게 식는 과정에는 틀림없이 많은 요인이 작용하지만 적어도 부분적으로는 망각 과정이 포함되며 이 경우에도 망각은 우리 대다수가 윤리적으로 건강한 상태를 되찾도록 도와준다.

그래서 치료법이 뭡니까?

"축하드려요, 스몰 박사, 해부학적 실력이 훌륭하시군요. 그런데 원인이 뭡니까?" 빈정거림이 살짝 배어 있는 이 말을 어렴풋이 들어 본 것 같지 않다면, 고맙게도 당신의 해마가 강철 덫이 아니며 기억이 평생 동안 피질에 남는 흔적은 아니라는 점을 입증한 셈이다. 어디선가 들어 본 것 같은 느낌이라면 아마 1장에 등장한 내 환자 칼의 노화로 인한 기억 감퇴가 해마 때문이라고 밝혔을 때 그가 내게 던진 물음이라는 것을 기억할 수도 있을 것이다. 멋지게 논쟁할 줄 아는 칼로서는 그렇지 않았을 수도 있지만, 그가 던진 빈정대는 듯한 칭찬 속에는 "그래서 어떻다는 겁니까?"라는 미묘한 의미가 들어 있었다. 그가 알고 싶었던 것은 어디가 문제인가가 아니라 왜 그런 문제가 생기는가 하는 것이다.

망각에 관한 새로운 과학은 대부분 그가 죽은 지 십 년이 지나서야 등장하기 시작했고 이런 이유로 내가 이에 대해 칼과 이야기 나누지 못한 것을 안타까워했다는 것도 어쩌면 기억할지 모르겠다. 우리는 살아가는 대부분의 시간 동안에 정상적 망각을 겪으므로 이를 늘 걱정하며, 칼의 걱정 역시 전형적인 예였다. 이처럼 잘못된 이해에서 생기는 불안을 덜어 주고자 하는 것이 이 책을 쓰게 된 동기였다. 병적 망각은 기억이 기준점 이하로 나빠지며 이를 두려워할 만한 타당성도 확실한 유형의 망각이다. 그러나 이와 달리 정상적 망각은 이점도 있어서 이에 관한 생각들이 부상하고 있음에도 더러 세상과 동떨어져 학계 내에서만 머무는 현실이라서 나는 이런 생각들을 사람들과 나누기 시작했다.

칼은 진단 목적을 위한 해부생물학의 전제를 이해했다. 장애가 생기는 뇌 부위가 저마다 다르며 어떤 뇌 부위에 문제가 있는지 찾아냄으로써 의사가 더 정확하게 진단할 수 있다는 전제였다. 나는 칼이 정상적 망각에 대한 오해로 괜한 걱정을 하는 것을 보면서 책 한 권 분량의 대답을 내놓았고, 이제 매우 타당한 걱정이라 할 수 있는 병적 형태의 망각에 관해 현재 새롭게 이루어지는 연구를 이야기하는 것으로 이 대답을 마무리할 생각이다.

환자들이 정말로 알고 싶어 하는 것, 그리고 우리 모두 알고 싶어 하는 것은 왜 병적 망각이 생기는가 하는 원인뿐 아니라 잘못된 것을 어떻게 바로잡을 것인가 하는 방법의 문제이다. 결함을 지닌 단백질이 이 병의 기본 동인이며, 많은 효과적 치료법은 결국 이런저런 방법을 통해 단백질 결함을 바로잡으려 애쓰는 것으로 귀결된다. 뇌는 수백 개의 서로 다른 부위로 이루어져 있고 각 부위마다 그 나름의 '뉴런 개체군'이 있으며 그 안에 들어 있는 단백질이 미묘하게 다르다. 우리가 뇌 장애의 해부학적 근원으로 작용하는 특정 뉴런 개체군을 찾아낸다면 그 안에 있는 어떤 단백질이 결함을 지니는지 알아낼 수 있다. 바로 여기에 해부학의 가능성이 있다. 병의 해부학적 근원을 알아내고자 "외침에 귀 기울이라"는 문구는 현대 의학의 태동기인 18세기 말 생물의학 차원의 수색-구조 활동이라는 해부생물학의 논리를 명확하게 표현하기 위해 시적으로 다듬은 표현이다.[1] 질병의 해부학적 근원에 초점을 맞추면 병의 근본 원인을 알아내고 궁극적으로 가능성 있는 치료법에 대한 단서를 구분해 낼 수 있다는 것이 해부학의 논리였다.

노년에 생기는 병적 망각의 원인과 치료법을 알기 위한 과정은 초기에는 더디게 진행되어 다른 의학 분야의 획기적인 발전에 비해 뒤처져 있었다. 이렇게 더디게 진행된 지배적 이유는 병을 분류하는 데 혼란이 있었기 때문인데, 내가 환자와 가족에게 우리의 무지를 변명할 때 이런 이유를 설명하기도 한다. 1906년 알로이스 알츠하이머 박사가 알츠하이머병에 대해 서술했음에도 이 병은 20세기 내내 놀라울 정도로 무시받아 왔다. 알츠하이머 박사는 노년기 이전, 즉 초로기에 치매 증상을 보인 환자의 뇌에 아밀로이드 판과 신경섬유매듭이 있다는 중대한 관찰을 내놓았는데 '노년기 senility'는 '후기의 삶'을 의미하는 의학 용어로 어딘가 자의적이지만 육십 대 중반부터 시작되는 것으로 규정된다. '초로기 치매'는 매우 드물다. 알츠하이머 박사의 발견으로 치매가 환자의 고의적 잘못이 아니라 생물학적인 장애라는 것이 입증되어 뉴스 속보 감으로 여겼음에도 1970년대 말까지 의학 교과서에서 '알츠하이머 병'은 어쩌다가 드물게 언급되는 정도였는데, 그 이유는 바로 너무 드물기 때문이었다.

'노인성 치매', 다시 말해 노년의 삶에 흔히 나타나는 점진적인 인지 기능 정지는 의학 발달로 오래 사는 사람이 많아지면서 오래전부터 알려졌고 그 수가 기하급수적으로 늘어나고 있다. 그럼에도 이것은 질병이 아니라 정상 노화 과정의 말기 현상이 나타나는 것으로 여겨졌다. 그리고 뇌 기억 영역에 있는 뉴런의 소실은 마치 피부가 쪼글쪼글해지고 흰머리가 나는 것처럼 노화로 인한 정상적인 마모 과정의 일부로 생각되었다. 그러나 평균수명이 늘어나고 늙은 뇌를 부검할 기회가 점점 많아지면서 1970년대 연구자들은 알츠하이머 박사가 초로기 사람에게서 관찰한 아밀로이드 판과 신경섬유매듭이 노년기 사람에게도 보인다는 사실을 분명하게 깨닫게 되었다. 두 장애가 동일한 것이라는 필연적 결론이 나올 수밖에 없었다. 이는 의학 역사상 분수령이 되는 사건이었다. 이제

초로기 치매와 노인성 치매는 알츠하이머병이라는 하나의 진단으로 통합되었고 더 이상 희귀한 장애가 아니라 우리 시대에 가장 흔하고 두려운 질병의 하나로 여겨지게 되었다.

그러나 너무 극단까지 갔다. 우리 모두 조만간 해당되겠지만 나이가 들어 해마 의존 기억이 경미하게 악화되면 누구나 알츠하이머병 초기 단계라고 생각하게 되었다. 소수에 속하는 신경과 의사의 입장에서 볼 때 이는 말이 되지 않는다. 예를 들어 동물 연구를 통해 일해 온 나로서는 모든 포유류 종에게 정상 노화 과정의 일환으로 해마 의존 기억의 감퇴가 생긴다고 알고 있다. 따라서 인간만이 어떤 식으로든 포유류 가운데 유일하게 이런 정상 노화의 영향에서 비껴갈 것이라고 믿기는 어렵다. 소수에 속하는 우리는 나이와 관련한 해마 기능 장애가 두 가지 경로, 즉 하나는 노화로, 다른 하나는 질병으로 인한 경로를 통해 생긴다고 주장했으며 가령 노안과는 달리 많은 사람이 알츠하이머병에 걸리지 않고도 팔십 대나 구십 대까지 산다는 데 주목했다. 다수 진영에서는 나이가 들면 알츠하이머병의 발병도 늘어나므로 모든 사람이 충분히 오래 산다면 결국에는 모두 알츠하이머병에 걸릴 것이라고 주장하며 반박했다.

1998년 내가 운영하는 실험실을 시작했을 때 동료들과 나는 이렇게 겉보기로는 타협할 수 없을 것 같은 논쟁을 해부생물학의 논리로 해결할 수 있지 않을까 생각했다. 당시에는 해마가 얼마 되

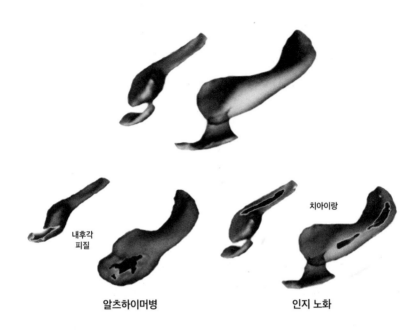

내후각
피질

치아이랑

알츠하이머병   인지 노화

왼쪽 해마와 오른쪽 해마

지 않는 몇몇 개체군으로 이루어져 있고 이들 개체군이 해부학적
으로 각기 다른 뇌 부위에 무리를 이루고 있다고 알려져 있었다.
2001년 우리는 알츠하이머병이 나이와 관련한 해마 기능 장애의
한 가지 원인인 건 분명하지만, 정상 노화 역시 또 다른 원인일 것
이라는 가설을 발표했다.[2] 또한 두 가지 병리의 원인이 각기 다르
다고 가정하면 병리가 나타나는 해마의 뉴런 개체군 역시 다를 것
이라고 보았다.

가설은 단순했지만 이를 검증하는 일은 단순하지 않았다. 알

츠하이머병은 뉴런이 병들기 시작하면서 진행되지만 그로부터 오랜 시간이 지나야 뉴런이 죽으며 이는 정상 노화의 경우도 마찬가지이다. 알츠하이머병과 노화가 시작되는 각각의 시점을 정확히 알아내기 위해서는, 질병의 증상이 나타나기 이전 아주 초기 단계에 있는 환자의 해마에서 뉴런이 병든 정도를 나타내는 지도를 만들어 낼 카메라가 있어야 했다.

이론적으로 fMRI 카메라는 뇌 부위에서 소비되는 에너지 양을 보여 줌으로써 뉴런이 병든 정도를 탐지할 수 있고, 에너지 소비를 보여 주는 일종의 열 지도를 만들어 낸다. 병든 뉴런은 가령 뇌전증이나 외상후스트레스장애, 그리고 가상의 병이었던 향수병처럼 정상보다 뜨겁거나, 아니면 알츠하이머병이나 노화로 인한 기능 장애처럼 정상보다 차가운 상태를 보인다. 그러나 당시의 fMRI는 공간 해상도 문제를 지니고 있었다. 군도 전체는 포착할 수 있지만 그 안에 있는 개별 섬은 구분하지 못하는 불완전한 인공위성처럼, 해마를 보여 줄 수 있을 뿐 그 안의 개별 부위는 보여 주지 못했다. 그래서 우리 실험실에서는 초기 5년의 시간을 기술 연구 및 개발에 할애할 수밖에 없었다. 어쩌다가 한 번씩 진전을 보이는 가운데, 우리는 해마의 각 부위별로 뉴런이 병든 정도를 알아낼 수 있도록 fMRI를 개선해 나가기 시작했다. 당시 나는 어쨌든 경력 초기였고 입지가 확실하지 않은 시절이었던 데다 성공 여부도 확실하지 않아서 조금 불안했지만 대부분을 연구에 매진했던 낮 시간과 종종 잠까지 줄여야 했던 밤 시간은 노력이 헛되지 않음을 증명했다. 우리의 기술 혁신은 성공했고 새로 향상된 fMRI 카메라가 최적화되자 우리의 가설이 빠른 속도로 입증되었다.[3]

해부생물학을 통해 생물의학적 논쟁을 해결하는 경우, 한 장의 사진이 천 마디 말을 해 준다는 이점이 있다. fMRI를 이용하여 정확한 환자 집단의 병든 뉴런 지도를 만들어 내면 말 그대로 눈으로 쉽게 가설을 확인할 수 있다.

왼쪽 해마와 오른쪽 해마 그림을 살펴보자. 이 그림이 조각처럼 아름답게 보일지 몰라도(내게는 그렇다!) 화가가 그린 것은 아니다. 이는 실제 모습으로, 연구 참여자의 fMRI 정밀 검사 사진에서 추출한 것이다. 높은 공간 해상도로 나온 영상이라서 해마의 모든 곡선이나 소용돌이 모양 등 정교한 세부 사항까지 정확한 해부 구조를 볼 수 있다. 그러나 이 영상은 '기능적인' 검사이지 '구조적인' 검사가 아니라는 것을 명심하라. 즉 이 영상 속에는 해마의 어느 부위가 비정상적인 에너지 소비를 보이는지, 다시 말해 어느 뉴런이 병들었는지 정보가 들어 있다.

아래 왼쪽 그림은 우리가 알츠하이머병을 탐구하여 발표한 연구들 중 하나에서 가져온 것인데 뉴런이 병든 부위가 진하게 얼룩져 있다.[4] 병든 부위가 모여 있는 곳은 하나의 뉴런 개체군으로, 이는 내후각피질이라고 불리는 해마의 한 부위에 자리 잡고 있다. 아래 오른쪽 그림에는 우리가 정상적으로 늙어 가는 동안 어떤 해마 부위가 점점 병들어 가는지 나타나 있다.[5] 알츠하이머병에서 그랬듯이 정상 노화로 인해 해마의 뉴런이 병든 부위도 하나의 섬으로 모여 있기는 하지만 이는 치아이랑dentate gyrus이라고 불리는 다른 부위이다. 이를 비롯한 여러 영상 연구로 인해 논쟁이 종결되었으며 노년에 나타나는 두 가지 서로 다른 병리가 우리의 기억 교사인 해마를 손상시킨다는 사실이 확고하게 자리 잡았다.

아울러 각기 다른 병리 단계에 있는 환자들, 그리고 알츠하이머병에 걸린 동물 모델과 정상 노화를 보이는 동물 모델을 대상으로 진행된 이 연구들에서는 또 다른 놀라운 보너스도 주어졌다. 알츠하이머병과 정상 노화에서 보이는 해마 기능 장애의 해부학적 패턴이 서로 반대된다는 점이다. 내후각피질은 알츠하이머병에 의해 가장 잘 병드는 해마 부위인 반면, 치아이랑은 가장 병들지 않는 부위이다.

또한 정상 노화에서도 반대되는 대조를 보여 치아이랑은 정상 노화에 가장 민감하게 반응하는 부위인 반면, 내후각피질은 팔십 대나 그 이상의 연령대에서도 노화로 인한 마모가 가장 보이지 않는 부위이다. 이런 유형의 보기 드문 해부학적 해리를 '이중 해리double dissociation'라고 일컫는데 알츠하이머병과 정상 노화의 반대되는 영상도 이에 해당한다. 이런 이중 해리가 보이지 않았더라도 우리의 가설을 확인하는 데는 무리가 없지만 그래도 이런 영상을 통해 우리 가설의 진실성이 더 강화되었다.

오늘날 신경과 의사가 나이와 관련한 기억 감퇴로 나를 찾아왔던 칼 같은 환자를 진료할 때면 이 두 가지 가능한 원인을 판단하기 위해 증상과 검사 결과를 고려하여 세밀하게 살펴보아야 한다. 모호한 인과 관계를 해결할 수 있다면 의학 분야가 한편으로는 나이와 관련한 기억 감퇴의 원인을 찾고, 다른 한편으로는 알츠하이머병의 원인을 찾는 데 도움을 줄 수 있을 것이다.

세포 안에 있는 단백질은 질병을 일으키는 분자 차원의 원인이다. 그렇다면 알츠하이머병 환자의 내후각피질에서는 기능 이상을 보이지만 치아이랑에서는 그렇지 않은 단백질은 어떤 단백질일까? 어떤 단백질이 정상 노화로 인해 치아이랑에서는 기능 이상을 보이지만 내후각피질에서는 그렇지 않은 것일까? 혁신적인 fMRI 도구를 이용하여 이런 해부학적 이중 해리를 규명하는 데 우리 실험실의 첫 번째 시기를 할애했다면, 두 번째 국면은 이 해리를 이용하여 이런 악당 단백질을 찾아내는 데 중점을 두었다. 이번에도 역시 기술적 혁신, 즉 각 뉴런 개체군에 포함된 수천 가지 단백질과 단백질 전구물을 동시에 평가할 수 있는 분자 차원의 도구가 필요했다. 우리는 알츠하이머병을 앓았거나 그렇지 않은 고령자의 뇌뿐 아니라 다양한 연령대에 걸쳐 죽은 사람의 건강한 뇌에서 내후각피질과 치아이랑을 조심스럽게 현미 해부한 뒤에 분자 차원의 탐색 원정을 시작했다.

우리가 가정한 대로 두 개의 뉴런 개체군에 각기 다른 단백질 이상이 있는 것이 발견되었고 이들 단백질 이상은 왜 정상 노화와 알츠하이머병에서 각기 다른 해마 부위가 병드는지 가장 잘 설명해 주었다.[6] 정상 노화와 알츠하이머병에서 찾아낸, 결함을 지닌 각 단백질은 기억의 분자 도구상자에 들어 있는 도구인데 이는 생물학적으로 이해하기 쉽다(그러나 생물학에서 상식을 확인하는 것은 늘 조금 놀랍고 엄청나게 기쁜 일이다). 정상 노화에서 구분해 낸 단백질은 에릭 캔들과 그의 동료들이 기억 도구상자의 '켜기' 스위치라고 맨 처음 규정한 도구의 부품으로, 어떤 정보가 기억할 만한 것이라고 여겨질 때 작동한다. 알츠하이머병에서 찾아낸, 결함을 지닌 단백질은 다른 도구 세트에 속하는 것으로, 새로 자라난 가지돌기가시를 수용체와 묶음으로써 취약한 새로운 정보를 안정화할 때 작동한다.

칼의 목소리가 들리는 듯하다. "축하드려요, 스몰 박사, 분자 차원의 실력이 훌륭하시군요. 그런데 치료법은 뭡니까?" 이에 대한 대답은 내가 전문 강의나 대중 강연에서 내놓는 것과 같은 내용이 될 것이다. "조금만 기다려 주세요." 뉴런 개체군에서 장애의 외침을 내보내는 단백질을 찾으면 범인이라고 생각할 수 있겠지만 이는 정황 증거일 뿐이지 결정적 증거는 되지 못한다. 의학에서 인과 관계를 확립하기 위해서는 더 많은 탐정 작업이 필요하다.

동물 모델을 통해 사실을 더 강화할 수 있다. 쥐와 사람의 해마는 각 해마 부위의 단백질 내용물까지 거의 동일하므로 우리가 사람에게서 찾은 것을 그대로 쥐에게 실험해 볼 수 있다는 사실을 기억해 보라. 최근에 나온 일련의 연구에 따르면, 알츠하이머병에서 발견한 단백질이 쥐의 몸에서 기능 이상을 보이도록 선택적으로 조작하면 내후각피질이 병들면서 병적 망각을 일으킨다.[7]

아울러 아밀로이드판과 신경섬유매듭의 형성에도 기여하여 결국에는 뉴런 세포의 죽음까지 일으킨다. 그러나 정상 노화에서 찾은 단백질을 선택적으로 조작하면 병적 망각이 관찰되긴 하지만 치아이랑이 병드는 차이를 보인다. 우리가 정상적으로 늙어 갈 때 일어나는 변화와 똑같이 뉴런이 병들지만 아밀로이드판이나 신경섬유매듭은 생기지 않으며 세포의 죽음도 초래하지 않는다.

생물의학적 탐정 작업에서는 유전학도 활용할 수 있다. 사실 최근의 유전학적 탐색 작업은 몇 가지 유전자가 연루되어 있음을 보여 주었는데, 이들 유전자는 노화의 원인으로 의심되는 단백질과 연관되어 있으며 나이와 관련한 기억 감퇴를 빠르게 악화시킨다. 다른 유전학적 연구에서도 알츠하이머병에 연루된 단백질과 관련되어 병에 걸릴 위험을 높이는 그 밖의 유전적 결함을 밝혀내었다.

이 시점에서 탐정 작업은 거의 끝나 가고 있으며 범인임을 입증할 증거도 정리되고 있어서 곧 의심스러운 단백질을 법정에 세울 수 있을 것이다. 다시 말해 임상 실험대에 올릴 수 있다. 이는 의심스러운 단백질이 병의 원인임을 합리적 의심을 넘어 입증할 수 있는 유일한 길이다. 병든 단백질을 바로잡을 안전한 해결책은 개발하기가 쉽지 않다. 그러나 좋은 소식은 많은 실험실이 이 문제에 매달리고 있으며 제약업계 역시 마찬가지라는 점이다.[8] 지난 몇 년에 걸쳐 벌써 안전한 해결책이 개발되었고 동물 모델을 대상으로 실험한 결과, 병든 단백질을 바로잡아 준다는 것이 밝혀졌다.

칼이 살아 있어서 이런 최근 소식을 듣는다면, 몹시 그립고 사랑하는 나의 환자에게 다시 한번 인내를 보여 달라고 부탁해야 할 것이다. 우리가 합리적 의심 수준을 넘어 이 두 가지 병리의 원인을 확인하고 그리하여 치료법까지 알아내기 위해 계속 노력하는 중이기 때문이다. 더 기다려 달라는 말이 분명 그에게 좌절을 안겨 줄 것이고 아마 당신도 그러할 것이다. 하지만 믿어 달라. 이 분야는 최대한 빠르게 나아가는 중이다. 노년의 '병적 망각'을 해결할 희망찬 새로운 시작이 열리고 있음을 알리며 '정상적 망각'에 관한 책을 끝내는 것이 가장 좋은 길일 것이다. 계속 지켜봐 달라.

감사의 말°

대중 과학서 쓰는 법을 배우는 일이 새로운 악기 연주를 배우는 일과 같다는 것을 잘 알지 못했다. 맹세컨대 자만심 문제가 아니라 정말 무지했다. 크라운에서 일하는 나의 편집자 질리언 블레이크에게 감사드린다. 전혀 흔들림 없는 그녀는 내게 고급 강의를 해 주었고 인내심을 보이며 기술을 가르쳐 주었다. 보충 개별 지도를 해 준 보조 편집자 캐롤라인 레이에게도 감사드린다. 아울러 몇 시간씩 내 이야기를 귀 기울여 들어 주고 비판적으로 조율해 준, 너무도 완벽한 내 아내 알렉시스 잉글랜드, 그리고 격려의 말을 해 준 나의 친구 수 핼퍼른에게도 고마움을 표한다. 이제 그녀의 글쓰기 재능에 대해 전보다 훨씬 제대로 알게 되었다. 마지막으로 질리언에게 나를 소개해 주었을 뿐 아니라, 굴하지 않는 나의 에이전트 앨리스 마텔도 소개해 준 멋진 알렉산드라 페니에게 특별한 감사를 전한다.

주

프롤로그

1. Davis, R. L., and Y. Zhong, "The Biology of Forgetting—A Perspective." *Neuron*, 2017. 95(3): pp. 490-503; Richards, B. A., and P. W. Frankland, "The Persistence and Transience of Memory." *Neuron*, 2017. 94(6): pp. 1071-1084.
2. Parker, E. S., L. Cahill, and J. L. McGaugh, "A Case of Unusual Autobiographical Remembering." *Neurocase*, 2006. 12(1): pp. 35-49.
3. Borges, J., *Ficciones*. 1944, Buenos Aires: Grove Press.

Chapter 1 | 정상적 망각

1. Sacks, O., *The Man Who Mistook His Wife for a Hat*. 1985, London: Gerald Duckworth.
2. Augustinack, J. C., et al., "H.M.'s Contributions to Neuroscience: A Review and Autopsy Studies." *Hippocampus*, 2014. 24(11): pp. 1267-1268.
3. Small, S. A., et al., "A Pathophysiological Framework of Hippocampal Dysfunction in Ageing and Disease." *Nature Reviews Neuroscience*, 2011. 12(10): pp. 585-601.
4. Brickman, A. M., et al., "Enhancing Dentate Gyrus Function with Dietary Flavanols Improves Cognition in Older Adults." *Nature Neuroscience*, 2014. 17(12): pp. 1798-1803; Anguera, J. A., et al., "Video Game Training Enhances Cognitive Control in Older Adults." *Nature*, 2013. 501(7465): pp. 97-101.

5. For example, Davis and Zhong, "The Biology of Forgetting"; Richards and Frankland, "The Persistence and Transience of Memory."

Chapter 2 | 자폐증

1. Kanner, L., "The Conception of Wholes and Parts in Early Infantile Autism." *American Journal of Psychiatry*, 1951. 108(1): pp. 23-26; Kanner, L., "Autistic Disturbances of Affective Contact." *Nervous Child*, 1943. 2: pp. 217-240.

2. Davis and Zhong, "The Biology of Forgetting"; Richards and Frankland, "The Persistence and Transience of Memory."

3. Migues, P. V., et al., "Blocking Synaptic Removal of GluA2-Containing AMPA Receptors Prevents the Natural Forgetting of Long-Term Memories." *Journal of Neuroscience*, 2016. 36(12): pp. 3481-3494; Dong, T., et al., "Inability to Activate Rac1-Dependent Forgetting Contributes to Behavioral Inflexibility in Mutants of Multiple Autism-Risk Genes." *Proceedings of the National Academy of Sciences of the United States of America*, 2016. 113(27): pp. 7644-7649.

4. Khundrakpam, B. S., et al., "Cortical Thickness Abnormalities in Autism Spectrum Disorders Through Late Childhood, Adolescence, and Adulthood: A Large-Scale MRI Study." *Cerebral Cortex*, 2017. 27(3): pp. 1721-1731.

5. Bourgeron, T., "From the Genetic Architecture to Synaptic Plasticity in Autism Spectrum Disorder." *Nature Reviews Neuroscience*, 2015. 16(9): pp. 551-563.

6. Dong et al., "Inability to Activate Rac1"; Bourgeron, "From the Genetic Architecture to Synaptic Plasticity"; Tang, G., et al., "Loss of mTOR-Dependent Macroautophagy Causes Autistic-Like Synaptic Pruning Deficits." *Neuron*, 2014. 83(5): pp. 1131-1143.

7. See, for example, Corrigan, N. M., et al., "Toward a Better Understanding of the Savant Brain." *Comprehensive Psychiatry*, 2012. 53(6): pp. 706-717; Wallace, G. L., F. Happe, and J. N. Giedd, "A Case Study of a Multiply Talented Savant with an Autism Spectrum Disorder: Neuropsychological Functioning and Brain Morphometry." *Philosophical Transactions of the Royal Society B*, 2009. 364(1522): pp. 1425-1432.

8. Cooper, R. A., et al., "Reduced Hippocampal Functional Connectivity During

Episodic Memory Retrieval in Autism." *Cerebral Cortex*, 2017. 27(2): pp. 888-902.

9. Dong et al., "Inability to Activate Rac1."

10. Masi, I., et al., "Deep Face Recognition: A Survey." IEEE Xplore, 2019.

11. Srivastava, N., et al., "Dropout: A Simple Way to Prevent Neural Networks from Overfitting." *Journal of Machine Learning Research*, 2014. 15: pp. 1929-1958.

12. Behrmann, M., C. Thomas, and K. Humphreys, "Seeing It Differently: Visual Processing in Autism." *Trends in Cognitive Sciences*, 2006. 10(6): pp. 258-264.

13. Pavlova, M. A., et al., "Social Cognition in Autism: Face Tuning." *Scientific Reports*, 2017. 7(1): p. 2734.

14. Frith, U., and B. Hermelin, "The Role of Visual and Motor Cues for Normal, Subnormal and Autistic Children." *Journal of Child Psychology and Psychiatry*, 1969. 10(3): pp. 153-163.

15. Happe, F., "Central Coherence and Theory of Mind in Autism: Reading Homographs in Context." *British Journal of Developmental Psychology*, 1997. 15: pp. 10-12.

16. Rorty, R., *Philosophy and the Mirror of Nature*. 1979, Princeton, N.J.: Princeton University Press.

Chapter 3 ㅣ 외상후스트레스장애

1. LaBar, K. S., and R. Cabeza, "Cognitive Neuroscience of Emotional Memory." *Nature Reviews Neuroscience*, 2006. 7(1): pp. 54-64.

2. Etkin, A., and T. D. Wager, "Functional Neuroimaging of Anxiety: A Meta-analysis of Emotional Processing in PTSD, Social Anxiety Disorder, and Specific Phobia." *American Journal of Psychiatry*, 2007. 164(10): pp. 1476-1488; Liberzon, I., and C. S. Sripada, "The Functional Neuroanatomy of PTSD: A Critical Review." *Progress in Brain Research*, 2008. 167: pp. 151-169.

3. Etkin, A., et al., "Toward a Neurobiology of Psychotherapy: Basic Science and Clinical Applications." *Journal of Neuropsychiatry and Clinical Neurosciences*, 2005. 17(2): pp. 145-158.

4. Sessa, B., and D. Nutt, "Making a Medicine out of MDMA." *British Journal of*

Psychiatry, 2015. 206(1): pp. 4-6.

5. Piomelli, D., "The Molecular Logic of Endocannabinoid Signalling." *Nature Reviews Neuroscience*, 2003. 4(11): pp. 873-884; Bhattacharyya, S., et al., "Opposite Effects of Delta-9-Tetrahydrocannabinol and Cannabidiol on Human Brain Function and Psychopathology." *Neuropsychopharmacology*, 2010. 35(3): pp. 764-774.

6. Besser, A., et al., "Humor and Trauma-Related Psychopathology Among Survivors of Terror Attacks and Their Spouses." *Psychiatry: Interpersonal and Biological Processes*, 2015. 78(4): pp. 341-353.

7. Charuvastra, A., and M. Cloitre, "Social Bonds and Posttraumatic Stress Disorder." *Annual Review of Psychology*, 2008. 59: pp. 301-328.

Chapter 4 | 분노와 공포

1. de Waal, F. B. M., *Peacemaking Among Primates*. 1989, Cambridge, Mass.: Harvard University Press, p. xi.

2. Rilling, J. K., et al., "Differences Between Chimpanzees and Bonobos in Neural Systems Supporting Social Cognition." *Social Cognitive and Affective Neuroscience*, 2012. 7(4): pp. 369-379; Issa, H. A., et al., "Comparison of Bonobo and Chimpanzee Brain Microstructure Reveals Differences in Socio-emotional Circuits." *Brain Structure and Function*, 2019. 224(1): pp. 239-251.

3. Blair, R. J., "The Amygdala and Ventromedial Prefrontal Cortex in Morality and Psychopathy." *Trends in Cognitive Sciences*, 2007. 11(9): pp. 387-392.

4. Cannon, W., "The Movements of the Stomach Studied by Means of the Roentegen Rays." *American Journal of Physiology*, 1896: pp. 360-381.

5. Cannon, W., *Bodily Changes in Pain, Hunger, Fear and Rage: An Account of Recent Researches into the Function of Emotional Excitement*. 1915, New York: D. Appleton & Company.

6. Cannon, W., and D. de la Paz, "Emotional Stimulation of Adrenal Secretion." *American Journal of Physiology*, 1911. 28(1): pp. 60-74.

7. Swanson, L. W., and G. D. Petrovich, "What Is the Amygdala?" *Trends in Neurosciences*, 1998. 21(8): pp. 323-331.

8. LeDoux, J. E., "Emotion Circuits in the Brain." *Annual Review of Neuroscience*, 2000. 23: pp. 155-184.

9. Keifer, O. P., Jr., et al., "The Physiology of Fear: Reconceptualizing the Role of the Central Amygdala in Fear Learning." *Physiology (Bethesda, Md.)*, 2015. 30(5): pp. 389-401.

10. Hare, B., V. Wobber, and R. Wrangham, "The Self-Domestication Hypothesis: Evolution of Bonobo Psychology Is Due to Selection Against Aggression." *Animal Behaviour*, 2012. 83(3): pp. 573-585.

11. Trut, L., "Early Canid Domestication: The Farm-Fox Experiment." *American Scientist*, 1999. 87: pp. 160-169.

12. Roberto, M., et al., "Ethanol Increases GABAergic Transmission at Both Pre- and Postsynaptic Sites in Rat Central Amygdala Neurons." *Proceedings of the National Academy of Sciences of the United States of America*, 2003. 100(4): pp. 2053-2058.

13. Carhart-Harris, R. L., et al., "The Effects of Acutely Administered 3,4-Methylene-dioxymethamphetamine on Spontaneous Brain Function in Healthy Volunteers Measured with Arterial Spin Labeling and Blood Oxygen Level-Dependent Resting State Functional Connectivity." *Biological Psychiatry*, 2015. 78(8): pp. 554-562.

14. Young, L. J., "Being Human: Love: Neuroscience Reveals All." *Nature*, 2009. 457(7226): p. 148; Zeki, S., "The Neurobiology of Love." *FEBS Letters*, 2007. 581(14): pp. 2575-2579.

15. Jurek, B., and I. D. Neumann, "The Oxytocin Receptor: From Intracellular Signaling to Behavior." *Physiological Reviews*, 2018. 98(3): pp. 1805-1908; Maroun, M., and S. Wagner, "Oxytocin and Memory of Emotional Stimuli: Some Dance to Remember, Some Dance to Forget." *Biological Psychiatry*, 2016. 79(3): pp. 203-212; Geng, Y., et al., "Oxytocin Enhancement of Emotional Empathy: Generalization Across Cultures and Effects on Amygdala Activity." *Frontiers in Neuroscience*, 2018. 12: p. 512.

16. Nagasawa, M., et al., "Social Evolution. Oxytocin-Gaze Positive Loop and the Coevolution of Human-Dog Bonds." *Science*, 2015. 348(6232): pp. 333-336.

Chapter 5 | 창의성

1. de Kooning, W., et al., *Willem de Kooning: The Late Paintings, the 1980s*. 1st ed. 1995, San Francisco: San Francisco Museum of Modern Art.

2. Orton, F., *Figuring Jasper Johns*. 1994, London: Reaktion Books.

3. Ritter, S. M., and A. Dijksterhuis, "Creativity—The Unconscious Foundations of the Incubation Period." *Frontiers in Human Neuroscience*, 2014. 8: p. 215.

4. Crick, F., and G. Mitchison, "The Function of Dream Sleep." *Nature*, 1983. 304(5922): pp. 111-114.

5. Waters, F., et al., "Severe Sleep Deprivation Causes Hallucinations and a Gradual Progression Toward Psychosis with Increasing Time Awake." *Frontiers in Psychiatry*, 2018. 9: p. 303.

6. de Vivo, L., et al., "Ultrastructural Evidence for Synaptic Scaling Across the Wake/Sleep Cycle." *Science*, 2017. 355(6324): pp. 507-510; Diering, G. H., et al., "Homer1a Drives Homeostatic Scaling-Down of Excitatory Synapses During Sleep." *Science*, 2017. 355(6324): pp. 511-515; Poe, G. R., "Sleep Is for Forgetting." *Journal of Neuroscience*, 2017. 37(3): pp. 464-473.

7. Tononi, G., and C. Cirelli, "Sleep and the Price of Plasticity: From Synaptic and Cellular Homeostasis to Memory Consolidation and Integration." *Neuron*, 2014. 81(1): pp. 12-34.

8. Waters, "Severe Sleep Deprivation."

9. Ghiselin, B., ed., *The Creative Process: Reflection on Invention in the Arts and Sciences*. 1985, Berkeley: University of California Press.

10. Mednick, S. A., "The Associative Basis of the Creative Process." *Psychological Review*, 1962. 69: pp. 220-232.

11. Bowden, E. M., and M. Jung-Beeman, "Normative Data for 144 Compound Remote Associate Problems." *Behavior Research Methods, Instruments, and Computers*, 2003. 35(4): pp. 634-639.(268쪽 단어 목록 참고)

12. Storm, B. C., and T. N. Patel, "Forgetting as a Consequence and Enabler of Creative Thinking." *Journal of Experimental Psychology: Learning, Memory, and Cognition*, 2014. 40(6): pp. 1594-1609.

13. Ritter and Dijksterhuis, "Creativity."

[Remote Associate Items]	[Solutions]
cottage/swiss/cake	cheese
cream/skate/water	ice
loser/throat/spot	sore
show/life/row	boat
night/wrist/stop	watch
duck/fold/dollar	bill
rocking/wheel/high	chair
dew/comb/bee	honey
fountain/baking/pop	soda
preserve/ranger/tropical	forest
aid/rubber/wagon	band
flake/mobile/cone	snow
cracker/fly/fighter	fire
safety/cushion/point	pin
cane/daddy/plum	sugar
dream/break/light	day
fish/mine/rush	gold
political/surprise/line	party
measure/worm/video	tape
high/district/house	school/court
sense/courtesy/place	common
worm/shelf/end	book
piece/mind/dating	game
flower/friend/scout	girl
river/note/account	bank
print/berry/bird	blue
pie/luck/belly	pot
date/alley/fold	blind
opera/hand/dish	soap
cadet/capsule/ship	space
fur/rack/tail	coat
stick/maker/point	match
hound/pressure/shot	blood

Chapter 6 | 편견

1. Brickman, "Enhancing Dentate Gyrus Function."
2. Barral, S., et al., "Genetic Variants in a 'cAMP Element Binding Protein' (CREB)-Dependent Histone Acetylation Pathway Influence Memory Performance in Cognitively Healthy Elderly Individuals." *Neurobiology of Aging*, 2014. 35(12): pp. 2881e7-2881e10.
3. Lara, A. H., and J. D. Wallis, "The Role of Prefrontal Cortex in Working Memory: A Mini Review." *Frontiers in Systems Neuroscience*, 2015. 9: p. 173.
4. Cosentino, S., et al., "Objective Metamemory Testing Captures Awareness of Deficit in Alzheimer's Disease." *Cortex*, 2007. 43(7): pp. 1004-1019.
5. Schei, E., A. Fuks, and J. D. Boudreau, "Reflection in Medical Education: Intellectual Humility, Discovery, and Know-How." *Medicine, Health Care and Philosophy*, 2019. 22(2): pp. 167-178.
6. Tversky, A., and D. Kahneman, "Judgment Under Uncertainty: Heuristics and Biases." *Science*, 1974. 185(4157): pp. 1124-1131.
7. Wimmer, G. E., and D. Shohamy, "Preference by Association: How Memory Mechanisms in the Hippocampus Bias Decisions." *Science*, 2012. 338(6104): pp. 270-273.
8. Shadlen, M. N., and D. Shohamy, "Decision Making and Sequential Sampling from Memory." *Neuron*, 2016. 90(5): pp. 927-939.
9. Toplak, M. E., R. F. West, and K. E. Stanovich, "The Cognitive Reflection Test as a Predictor of Performance on Heuristics-and-Biases Tasks." *Memory and Cognition*, 2011. 39(7): pp. 1275-1289.

Chapter 7 | 알츠하이머병과 향수병

1. Margalit, A., *The Ethics of Memory*. 2002, Cambridge, Mass.: Harvard University Press, p. xi.
2. Lichtenfeld, S., et al., "Forgive and Forget: Differences Between Decisional and Emotional Forgiveness." *PLOS One*, 2015. 10(5): p. e0125561.
3. Anspach, C., "Medical Dissertation of Nostalgia by Johannes Hofer, 1688."

Bulletin of the Institute of the History of Medicine, 1934. 2: pp. 376-391.

4. Kushner, M. G., et al., "D-Cycloserine Augmented Exposure Therapy for Obsessive-Compulsive Disorder." *Biological Psychiatry*, 2007. 62(8): pp. 835-838.

5. Boym, S., *The Future of Nostalgia*. 2001, New York: Basic Books.

에필로그

1. Ventura, H. O., "Giovanni Battista Morgagni and the Foundation of Modern Medicine." *Clinical Cardiology*, 2000. 23(10): pp. 792-794.

2. Small, S. A., "Age-Related Memory Decline: Current Concepts and Future Directions." *Archives of Neurology*, 2001. 58(3): pp. 360-364.

3. Small et al., "A Pathophysiological Framework."

4. Khan, U. A., et al., "Molecular Drivers and Cortical Spread of Lateral Entorhinal Cortex Dysfunction in Preclinical Alzheimer's Disease." *Nature Neuroscience*, 2014. 17(2): pp. 304-311.

5. Brickman, "Enhancing Dentate Gyrus Function."

6. Small, S. A., "Isolating Pathogenic Mechanisms Embedded Within the Hippocampal Circuit Through Regional Vulnerability." *Neuron*, 2014. 84(1): pp. 32-39.

7. Small, S. A., and Petsko, G. A., "Endosomal Recycling Reconciles the Amyloid Hypothesis." *Science Translational Medicine*, 2020.

8. Mecozzi, V. J., et al., "Pharmacological Chaperones Stabilize Retromer to Limit APP Processing." *Nature Chemical Biology*, 2014. 10(6): pp. 443-449

휴리스틱(인지 휴리스틱 참고) 191~193

숫자·약자

9·11 테러 241~244
DNA, 118, 163
H. M. → 몰래슨, 헨리
MDMA(메틸렌디옥시메스암페타민) →
　엑스터시
MRI → 자기공명영상
PTSD → 외상후스트레스장애

북트리거 일반 도서

북트리거 청소년 도서

우리는 왜 잊어야 할까
'기억'보다 중요한 '망각'의 재발견

1판 1쇄 발행일 2022년 5월 20일

지은이 스콧 A. 스몰
옮긴이 하윤숙
펴낸이 권준구 ┃ 펴낸곳 (주)지학사
본부장 황홍규 ┃ 편집장 윤소현 ┃ 팀장 김지영 ┃ 편집 양선화 박보영 김승주
기획·책임편집 양선화 ┃ 디자인 정은경디자인
마케팅 송성만 손정빈 윤술옥 이혜인 ┃ 제작 김현정 이진형 강석준 방연주
등록 2017년 2월 9일(제2017-000034호) ┃ 주소 서울시 마포구 신촌로6길 5
전화 02.330.5265 ┃ 팩스 02.3141.4488 ┃ 이메일 booktrigger@jihak.co.kr
홈페이지 www.jihak.co.kr ┃ 포스트 http://post.naver.com/booktrigger
페이스북 www.facebook.com/booktrigger ┃ 인스타그램 @booktrigger

ISBN 979-11-89799-71-7 (03400)

＊ 책값은 뒤표지에 표기되어 있습니다.
＊ 잘못된 책은 구입하신 곳에서 바꿔 드립니다.
＊ 이 책의 전부 또는 일부 내용을 재사용하려면 반드시 저작권자의 사전 동의를 받아야 합니다.

북트리거

트리거(trigger)는 '방아쇠, 계기, 유인, 자극'을 뜻합니다.
북트리거는 나와 사물, 이웃과 세상을 바라보는 시선에 신선한 자극을 주는 책을 펴냅니다.